你就是脾气太坏

如何控制自己的情绪

郑　一◎编著

国家一级出版社　中国纺织出版社　全国百佳图书出版单位

内 容 提 要

脾气不仅是一个人的秉性，更反映了他与人相处的态度和情商。不能掌控脾气的人，只能沦为情绪的奴隶，得罪别人、损伤和气，给自己制造障碍，甚至在成功的道路上埋下祸根。

本书结合心理学的内容，分析脾气产生的原因、发作的引子，产生的后果，教会读者摸清自己、朋友、家人、领导、同事的脾气，从而远离愤怒的情绪。同时结合富有趣味的生动故事和实例，细致解析生活中人们会出现的不良情绪，教会读者控制自己的坏脾气，巧妙摆脱不良情绪的束缚，让自己的生活每天都五彩斑斓、充满阳光。

图书在版编目（CIP）数据

你就是脾气太坏 ：如何控制自己的情绪 / 郑一编著
. -- 北京：中国纺织出版社，2018.1
ISBN 978-7-5180-4416-0

Ⅰ. ①你… Ⅱ. ①郑… Ⅲ. ①情绪—自我控制—通俗读物 Ⅳ. ①B842.6-49

中国版本图书馆CIP数据核字（2017）第302915号

责任编辑：闫　星　　特约编辑：王佳新　　责任印制：储志伟

中国纺织出版社出版发行
地址：北京朝阳区百子湾东里A407号楼　邮政编码：100124
邮购电话：010—64168110　传真：010—64168231
http：//www.c-textilep.com
E-mail：faxing@c-textilep.com
中国纺织出版社天猫旗舰店
官方微博http：//www.weibo.com/2119887771
三河市宏盛印务有限公司印刷　各地新华书店经销
2018年1月第1版第1次印刷
开本：710×1000　1/16　印张：13
字数：180千字　定价：36.80元

前言

现代社会，人与人之间的交往十分频繁，各种磕碰和摩擦，各种心结和矛盾不可避免。在这种情况下，发脾气似乎成了人们发泄情绪的一种方式。不少人脾气暴躁，遇事容易冲动，不能理智地控制自己的脾气，特别是对一些不顺心或自己看不惯的事，常常容易发怒，有时还同周围的人争吵，说出一些使人难堪的话，既伤害了双方的感情，又使自己郁结在心，严重的甚至会影响身体的健康，百害而无一利。

德国哲学家康德曾说："发怒，是用别人的错误来惩罚自己。"生气使自己痛苦，也让别人难受。既然错误在于别人，自己为什么要生气呢？难道自己发了很大的脾气，对方就能受到惩罚吗？答案是否定的，结果恰恰相反，因为生气一个人喝闷酒，伤害的是自己的身体；因为生气丧失理性，疯狂购物，挥霍的是自己的钱财。所以，生气非但解决不了问题，反而会把问题变得更加复杂。

一个人脾气的好坏将直接影响到其婚姻的美满、事业的顺利和家庭的幸福，好脾气是幸福人生的积极推动力。一个人的脾气越好，他的交际能力就越强，所建立起来的人际关系就越融洽，这使得他的工作、生活也容易获得成功。一个人，如果能遇激不动气，遭气不发怒，努力克制自己的坏情绪，那么，坏脾气就会与你渐行渐远，最终不会再成为影响和掣肘你人生前程的羁绊。

我们经常会看到，脾气好的人无论到哪里都会受到欢迎，别人喜欢同他合作、共事；脾气坏的人，则常常给自己和别人带来苦恼，使别人觉得难以与之相处。坏脾气往往是成功的大敌，一时的冲动可能会毁掉你一世的前程。

本书就是从帮助读者丢掉坏脾气出发，详细阐述坏脾气对人生各个方面的危害，让读者认识到保持一颗平和与宁静的心，遇事保持沉着与冷静的重要性。教会读者调控情绪，努力做自己情绪的主人，以积极健康的心态面对人生，迎来属于自己的幸福。

编著者

2017年8月

目　录

第 1 章

人生总会有风雨——心绪宁静，便是晴天

在生活中，几乎每个人都有脾气，不同在于有人是急脾气，有人是慢脾气，有人是好脾气，有人是坏脾气……在这其中，最要不得的就是坏脾气。坏脾气对我们的生活影响很大，它往往使好事变成坏事，使快乐变成悲伤，使幸福变成痛苦。因此，我们应该控制自己的情绪，改改自己的坏脾气，这样，我们的生活才能驱散阴霾，艳阳高照。

生气是用别人的错误惩罚自己

在面对生活的很多不如意时，我们选择生气，选择用愤怒充斥自己的心灵，记恨我们的敌人。其实，仁爱的耶稣曾经说过："让我们爱自己的敌人。"乍听这话，觉得很费解，如果琢磨透了其中的深意，我们就不难明白耶稣的良苦用心了。爱敌人，其实是爱我们自己，因为当仇恨敌人的时候，其实就是给敌人送去了战胜我们的力量，敌人也许不用费吹灰之力，仇恨就会影响我们的睡眠、健康、快乐等一系列与我们的生活密切相关的方方面面。当他们知道我们因为生气而整天痛苦不堪时，他们岂不是要心花怒放。仇恨无法帮助我们惩罚敌人，却会使我们自己终日活在地狱中。

米尔瓦基警察局曾经对公众发出一个公告，内容如下："自私的人想占你便宜，千万别理会他，更不要试图报复他。如果你跟他一样，那就会深深地伤害自己，使自己所受的伤害比他更大……"如果我们能够理解这则公告的意义，就不会轻易地生气，因为生活中的绝大多数人都是不值得我们为了他而伤害自己的。从某种意义上说，生气不是一种恨，而是一种爱，只有你爱的人，才值得你为他生气。至于那些无关紧要的人和事，就让它们随风而去吧！

杰米是一家饭馆的老板。他脾气火暴，动不动就生气，因为在经营餐馆的过程中时常和顾客发生口角，甚至还会产生肢体冲突。一次，杰米因为看一个就餐的顾客不顺眼，正在暗自生气，突然晕倒在地。当家人把他送到医院检查后，医生说杰米的心脏不太好，最好不要再生气了。为此，家人建议杰米关掉饭馆，杰米却不听从家人的劝告。

又一次，一个顾客吃了饭没有付钱就偷偷溜了，杰米知道后怒不可遏，赶紧拿着左轮手枪追了出去。眼看着就要追上那个吃"霸王餐"的顾客，杰米却因为愤怒一头栽倒在地。这次，他再没有爬起来。

一餐饭的费用和自己的生命比起来，哪个更重要？为了一个不相干的人丢掉了自己的性命，岂不是很傻吗？我想，假如让不生气状态下的杰米重新作一次选择，他肯定不会选择这样离开人世。然而，一切都晚了。

很多时候，我们无法控制自己的情绪，在面对不如意的时候，总是不由自主地生气。这一切，都是因为我们没有意识到生气对我们的身体健康和心情的负面作用。要想少生气，我们首先要开阔自己的心胸，因为这个世界上本没有那么多是是非非。其次，我们还要认识到生气本身对我们的伤害，只有这样，我们才会因为珍爱自己的身体而减少生气的频率。总之，生气对我们有百害而无一利，我们必须慎重地对待生气。假如让你喝下一杯毒酒，你愿意吗？答案当然是否定的。面对生气，我们也要采取如此审慎的态度。

脾气点播

生气不是惩罚别人，而是用别人的错误惩罚自己。明白了这一点，你还愿意为那些不相干的人和事生气吗？

失意并不意味着彻底的失败

在对自己的亲人和朋友表示祝福的时候，我们总是习惯说“万事如意”。其实，每个人都知道生活不可能事事如意，因而“万事如意”只是一种无法实现的美好祝愿。在生活中，每个人面对最多的就是失意。这是因为，对于现状我们有着太多的不满，对于生活我们有着太多的期盼和渴望，对于未来，我们有着太多的憧憬。正如时下流行的一句话一样，理想很丰满，现实很骨感。我们明明知道生活不可能处处顺遂，但是我们却依然不停地希望着、期冀着，由此，也就产生了越来越多的失意。

从某种意义上说，失意是人生的常态。一个愿望落空了，只要我们曾经努力了，为之奋斗了，就没有什么可遗憾的。接下来要做的就是，我们要以更好的状态投入生活，为了自己的梦想更加不懈地努力。生活，正是在这样一次次不屈的崛起和奋斗中不断进步的。失意，只是暂时的愿望没有实现，短期的目标没有达成，它并不代表着我们人生的失败。人生就是一个不断与命运抗争的过程，就是一个不断与失意搏斗的过程，不到人生的最后一刻，我们无权放弃。因此，我们所要做的就是扬起希望的风帆，为丰富人生而努力。

晓娟的学习成绩一直比较稳定，但是，让所有人没有想到的是，在高考中，一向发挥稳定的晓娟居然失利了。她没有考上自己心仪的大学，看着同学们陆陆续续地都收到了录取通知书，开始为去学校报到做准备，晓娟的心里就像打翻了五味瓶。对此，爸爸妈妈建议晓娟复读一年。看着年迈的父母，晓娟断然拒绝了。她要靠自己闯出人生的一条路，而不愿意给父母增加额外的负担。

很快，晓娟就背起行囊去了南方。离别的时候，晓娟安慰父母：“放心吧，我不会比任何人差的！”从未离开过家门的晓娟两眼一抹黑地来到了陌生的广州，看着熙熙攘攘的人群和川流不息的车流，晓娟告诉自己一定要坚强。晓娟吃了很多苦，受尽了白眼，终于在一家工厂安定下来。有了一定的经济基础后，晓娟并没有像大多数工友一样安于现状，她利用业余时间为自己报了一个电脑培训班，学习电脑编程。后来，晓娟由一个普通的民工变成了编程员。虽然只是由体力民工变成了脑力民工，晓娟却很欣慰。她知道，还有更长的路等着自己。后来，经过十几年的打拼，晓娟一边工作，一边学习，最终自己开了一家软件公司，成了老板。

十几年后，晓娟参加高中同学聚会，欣慰地发现自己并不比那些上过大学的同学状况差，甚至还有同学主动要求去给晓娟打工呢！

事例中的晓娟面对高考的失利并没有放弃自己，她知道，一时的失意并不代表人生彻底的失败。面对命运的安排，晓娟奋力抗争，靠自己的努力走出了一条与众不同的人生之路。谁说人生的道路只有一条，人生是条条大路通罗马。只要自己不放弃，就一定能够实现成功的目标。

脾气点播

面对人生的失意，强者奋起力争，弱者唉声叹气。正因为如此，强者和弱者才会有截然不同的人生。

迎难而上，你将拥有与众不同的人生

在人生的道路上，每个人都渴望成功，然而，通往成功的道路却充满坎坷。正如这个世界上没有绝对的完美一样，这个世界上同样没有绝对一帆风顺的人生。人生，就像一张曲线图，有波峰有波谷。当在波峰的时候，我们居高临下，欣赏着人生的无限美景；当在波谷的时候，我们面对着人生的困境，是沉沦还是抗争呢？其实，人生的魅力也正在于此。假如人生时时刻刻都是坦途，那么就无所谓坦途；假如人生每分每秒都是幸福，那么就无所谓幸福。苦和甜，哭和笑总是相对的，只有苦难，才能衬托出平淡生活的幸福与甜蜜。那么，面对苦难，我们就只能选择迎难而上。

有位名人说过，人生最重要的不是终点，而是过程。在生与死面前，众生平等。要想活出精彩，我们就要在生的时候努力地绽放。正是因为苦难的浇铸，人生之花才倍显绚烂。虽然迎难而上未必能够获得成功，但是迎难而上的人超越了自己，必将看到与众不同的人生风景。

他曾经是一个不折不扣的富二代，有着庞大的家族企业和雄厚的经济实力。他是含着金钥匙出生的，从未品尝过人生的苦涩。然而，造化弄人，在他大学毕业正准备接手家族企业之际，他的父亲——现任董事长，因为一个女人搞得身败名裂，同时因为一次上当受骗而使家境一落千丈。面对突如其来的打击，面对着痛不欲生的母亲和愧疚不已的父亲，他没有丝毫抱怨，而是坦然地接受了现实。

他上任的第一天就开始处理家族的债务，他变卖了所有的家产，偿还了一部分债务。接下来，他开始像所有刚毕业的大学生一样奔波着找工作。起初，父亲最担心的就是他无法接受残酷的现实，看到他坚强的表现后，父亲放心了。对此，他只说过一句话："兵来将挡，水来土掩，没什么大不了的。别人能白手起家，我也能。"凭借着自己的努力，他很快就在一家公司干得风生水起。不但使父母过上了衣食无忧的生活，还奠定了一定的经济基础。后来，他更是从贩卖小商品起家，最终拥有了属于自己的百货公司。

对于事例中的主人公而言，其境遇无疑是从天上掉到了地上。但是，他没有自暴自弃，更没有因为失去财富而绝望。相反，他就像自己的家庭从来不曾富有一样，和所有平凡人家的孩子一样，靠着自己的双手打拼。对于这一切，对于他，也许都是难得的经验和阅历。假如他顺着家境没落的惨景从此沉沦下去，那么，他就会一蹶不振，连过普通人的生活也无法保障。而如今，有了这段难得的经历，相信他再也不会轻易被任何困难打倒。

成功的巅峰拥有无限的美景，但是却并非人人都有机会亲历。只有那些能够坦然面对失败，有勇气面对困难的人，才有资格和机会登上成功的巅峰，领略与众不同的人生风景。

脾气点播

只有迎难而上，不被困难打倒，你才能成功！

假如生活欺骗了你

"假如生活欺骗了你，请不要悲伤，不要生气！熬过这忧伤的一天：请相信，欢乐之日即将来临。心儿生活在未来；现实却显得苍白：一切皆短暂，都将过去；而过去的一切都将可爱。”1825年，19世纪伟大的俄国诗人普希金被流放南俄敖德萨，在与当地总督发生冲突之后，普希金被押送到他的父亲的领地米哈伊洛夫斯科耶村。在被幽禁的期间，普希金写下了这首传世之作。写作这首诗的时候，诗人正身处人生的谷底，但是他却没有失去希望，而是满怀对生活的热情，坚信生活终有一天会变得好起来。正是有着这样的信念和乐观的情怀，普希金才能度过人生黑暗的时期。

在生活中，每个人都有可能遭遇不快和挫折，在这种情况下，如果我们不能够积极乐观地面对，人生就会改变方向，从此沉沦。与此相反，只有坚强乐观的人，才能勇于面对人生的挫折，才能在人生的谷底振作精神，重新开始新的人生。假如生活欺骗了你，不要悲伤，不要哭泣。摔倒了，站起来，你才能重新找到属于自己的人生。

1880年6月27日，海伦·凯勒出生在美国阿拉巴马州的塔斯比亚城。当时的海伦是一个非常健康的婴儿，直到19个月大时，因为急性脑炎，海伦失去了视觉和听觉，从此生活在黑暗无声的世界里。

因为手语无法与别人顺畅地交流，随着年岁的增长，海伦的脾气越来越暴躁。海伦6岁时，在海伦父母的邀请下，柏金斯盲人学校的莎利文老师成为海伦的启蒙导师。遇到莎利文老师，海伦的一生都得到了改变。在莎利文老师的悉心教诲下，海伦不仅手语更加熟练，而且学习了生字。后来，莎利文老师还教海伦基本的生活礼仪，并且教会海伦用手指点字。后来，10岁的海伦在霍勒斯曼学校的莎拉·傅乐瓦老师的教导下学会了说话。从此，海伦的人生彻底地被改变了。

1898年，海伦·凯勒进入位于马萨诸塞州的剑桥女子学校学习，后来又于1900年秋天考入哈佛大学雷地克里夫学院学习，并且于1904年取得了文学学士学位。海伦是第一位毕业于高等院校的聋盲人，她为全世界的聋盲人扬起了希望的风帆。

后来，海伦的一生都在关注聋哑人，致力于建立盲人学校。此外，海伦还大力提倡世界和平。87岁那年，海伦·凯勒走完了自己不同寻常的一生。

海伦的一生无疑是非常传奇的，如果没有坚强的毅力和永不言弃的精神，海伦无法做出这么巨大的成就。海伦正是用坚持改变了自己的命运。海伦的精神不仅鼓舞了聋盲人，也深深地感染了世界各地那些健康的人。对于海伦，人们评价道："海伦·凯勒是人类的骄傲，是我们学习的榜样，相信众多的因疾病而聋、哑、盲的人都能在黑暗中找到光明"。

和海伦的身残志坚比起来，作为健全人的我们，更应该燃起生命的希望，勇敢地面对生活的坎坷。告诉自己：假如生活欺骗了你，不要悲伤，不要哭泣。摔倒了，爬起来，才有机会亲历生命的美景。

脾气点播

生活总是难以顺遂人意，当被生活欺骗、捉弄的时候，如果认输了，那就彻底失败了。只有鼓起勇气迎难而上，我们才能看到人生最美的风景。

面对生活的不如意，坚持是最好的选择

几乎每个人都有畏难的情绪，在面对困难的时候，我们总是在第一时间就想逃避。成功者与失败者的不同在于：成功者在面对困难的时候能够坚持不懈，而失败者在面对困难的时候则选择逃避、后退。古人云，世上无难事，只要肯攀登。不管做什么事情，都没有一蹴而就的，要想做出一番成就来，我们就必须选择坚持。即使暂时遇到困难，也要告诉自己坚持下去，不要轻易放弃。

纵观历史长河中那些成功者，他们中的大多数人的一生都不是一帆风顺的。他们经历了很多，忍受了常人所无法忍受的痛苦和磨砺，最终才有所感悟，有所成就。例如，贝多芬在音乐创造的巅峰时期突然耳聋，对于一个音乐家而言，这个打击堪比失去宝贵的生命。但是贝多芬没有放弃，正是在耳聋之后，他又创作了很多传世的音乐作品。再如，爱迪生为了发

明电灯，试过了无数种材料，放在别人身上，在一次次失败的打击下也许早就放弃了。但是，爱迪生始终没有放弃，他一种材料一种材料地试，最终找到了最适合做灯丝的材料。正是因为爱迪生，人类才更早地迎来了光明。不仅伟人如此，作为普通人，我们同样需要坚持的精神。尤其是在面对生活的不如意时，坚持更显得尤为重要。

志强大学毕业后做了三年的销售工作，后来，他自己开了一家小公司，开始创业。刚开始的时候，志强的公司运营良好，再加上政策的扶持，他盈利不少。但是好景不长，整个行情一落千丈，各个公司都开始负利经营。面对这样的情形，很多人都选择了退出。得知儿子挣的钱又断断续续地赔进去了，志强的妈妈着急了。她对儿子说："儿啊，做人不能死心眼，你看，现在赔钱，大多人都改行了，你不如也改行吧，等行业好了的时候你再杀回来，这样你也可以保住一些资金以便东山再起。"对此，志强却有自己的想法。他对妈妈说："妈，放心吧，我心里有数，行业形势不会一直不好的。如果我现在离开了，我之前积累的资源就全都浪费了。大家都不干了，如果我能坚持下去，那么等到行情好了，我才能抓住机会。"听了儿子的话，妈妈没有再说什么。

功夫不负有心人，在经历了两年的艰难经营之后，志强终于迎来了行业的春天。而此时，因为大部分同行之前都选择了退出，所以志强抓住了这个机会狠狠地大赚了一笔，奠定了在行业中的地位。此后，志强的事业发展得风生水起。

如果不是因为艰难时期的坚持，志强也许至今都无法成就自己的事业。而正是因为他挺过了事业发展的"瓶颈"期，所以他才能守得云开见月明。其实，人生的很多事情都是如此，没有任何事情是一帆风顺的，假如我们一旦遭遇挫折就选择逃避、退出，那么我们永远也无法攀登上成功的巅峰。

脾气点播

轻易放弃的人永远无法取得成功，成功只属于那些勇于坚持的人。

成功，总是青睐强者

在生活中，面对那些不如意的事情，有些人很悲观，即使事情的结果远远没有想象的那么坏，他们也总是唉声叹气。结果，事情很有可能朝着他们的预期发展，变得越来越坏。与此相反，有些人很乐观，即使生活和他们开了一个大大的玩笑，给了他们沉重的打击，他们也依然能够做到积极面对。如此一来，生活就会朝着他们的预期发展，变得越来越乐观。很多时候，并非事情决定了我们的心情，而是我们的心态决定了事情的未来。所以，我们首先要调整自己的心态，使自己拥有成功的潜质，使自己成为真正的强者。

真正的强者，并非所谓的成功者，而是能够战胜自己的人。人们常说人最大的敌人是自己，一个人如果能够战胜自己，那么他就无所畏惧。当今社会，物欲横流，人们的很多观念都处于极大的变动之中。在经济高速发展的今天，很多人迷失了自己，不知道自己真正想要的是什么。日久天长，他们也就迷失了人生的方向。真正的强者，清楚地知道自己想要怎样的人生，不会在纸醉金迷中迷失自己。所以，要想成功，首先要战胜自己，规划自己的人生，成为真正的强者。

大学毕业后，宋华和许巍相约一起创业。他们都是学计算机编程的，因此就合伙开了一家软件公司。刚刚开业的时候，生意很冷清，宋华和许巍都很着急。如此坚持了一年多之后，许巍坚持不住了，他提出退出公司。此时此刻，许巍要把自己投资的钱抽出来，对于宋华而言无疑是雪上加霜。但是，看着许巍决绝的样子，宋华什么也没有说，而是到处筹钱把许巍的股份退了出来。

许巍退出公司后，断绝了自己创业的念头，而是踏踏实实地找了一家公司上班，每天过着朝九晚五的生活，倒也安稳。而宋华呢？面对许巍生意清淡之际退股的打击，宋华丝毫没有气馁。他到处求学取经，向很多成功的大公司学习经验，开拓了思路，转变了公司的发展方向。功夫不负有心人，在又坚持了两年之后，宋华的生意渐渐有了起色。他抓住有利的市场时机，大力发展公司业务，使公司得到了快速发展。毕业十年的同学聚会上，许巍还是一个普普通通的员工，而宋华则已经成为大公司的老板。

和许巍比起来，宋华当然是一个成功者。他熬过了最开始的起步阶段，坚持经营，所以最终才能获得丰硕的成果。而许巍呢？他虽然很后悔自己当初没有和宋华一起坚持经营，但世界上没有卖后悔药的。大学毕业之后的十年是黄金的十年，在这十年中，往往奠定了人一生之中的基础和方向。试想一下，面对已经初步成功的宋华，已过而立之年的许巍再去开始创业，显然是有些晚了。

要想成功，首先要成为强者，要想成为强者，则首先要有强者的心态。在生命的长河中，失败是不可避免的。面对失败的态度，往往从某种意义上决定了我们与成功之间的距离。只有拥有强者心态，只有积极地面对人生的坎坷境遇，才能距离成功越来越近。

脾气点播

所谓强者心态，就是面对失败时的积极乐观，永不服输。

淡然，是一种至高无上的人生境界

很多时候，我们总是轻易生气，轻易地为得失而大动肝火，甚至是为了微不足道的小事而歇斯底里。殊不知，人生至高无上的境界是淡然。淡然的人，不会为了身外的名利而忘却自己生命的意义；淡然的人，不会为了蝇头小利而不择手段、钩心斗角；淡然的人，知道人生最值得珍惜的是什么；淡然的人，看似无为，其实大有所为。淡然，你就不会轻易地动怒；淡然，你就不会因为宠辱皆惊；淡然，你才能看透花开花落的繁华和落寞；淡然，你才能够握住生命中最值得珍惜的一切人和事。

淡然的人有着好脾气，因为他们看透了一些虚妄的名利。淡然的人从不斤斤计较，因为他们知道什么是生命中最重要的。人们常用茶来比喻人生，是因为人们想像茶一样从容地在人生的沸水中舒卷。淡然，是人生的一种成长，年纪轻轻的毛头小子总是不能理解淡然的深刻含义，而待到理解之后，则又为自己曾经的毛躁与粗糙后悔不已。人生就是一种成长的过程，从刚开始的不谙世事，到长大之后的睚眦必究，再到成熟历练通达之后的知道什么是应该牢牢把握的，知道什么是不应该斤斤计较的，在此过程中，大彻大悟者才能做到真正的淡然。虽然我们无法像彻悟的人那样深刻地理解淡然，我们也应该修炼自己的内心，这样才能拥有平和的心态。

唐寅是中国明代著名的画家、文学家。在苏州居住时，唐寅家境清贫。因为不满生活的窘迫，妻子每天都怨声载道，和唐寅大吵大闹，最终离唐寅而去。当时，唐寅在吴趋坊巷口临街的一座小楼居住，每日舞文弄墨，以丹青自娱，靠卖画为生。虽然如此，唐寅却丝毫没有对生活不满，他在一首诗中写道："不炼金丹不坐禅，不为商贾不耕田。闲来写幅丹青卖，不使人间造孽钱。"这首诗表现出唐寅淡泊名利、专事自由读书卖画生涯的志向。

36岁那年，唐寅在城北桃花坞建造了一处优雅清闲的家园，从此之后，不受打扰地过着清狂的生活。桃花坞景色宜人，环境清幽，野趣十足。因为房屋破落，唐寅用自己卖画积攒的钱建成了桃花坞别墅。尽管只有简简单单的几间茅屋，唐寅却丝毫不减生活的情趣。他在屋檐下悬挂着雅致的室名"梦墨亭""学圃堂""蛱蝶斋"等匾额，以表示自己的清幽雅兴。

因为一生酷爱桃花，所以唐寅为自己的别墅取名"桃花庵"，自号"桃花庵主"。每到春日，园内桃花盛开，唐寅便盛情邀请沈周、祝允明、文徵明等好友来园中饮酒赋诗，挥毫作画，不亦乐乎。

唐寅一生都知道自己想要的是什么，他坚持自己的志向，不为世俗的虚妄名利所扰。尽管靠卖画为生日子清贫，唐寅却始终坚持自己的志向，一生满足。当然，我们不是说每个人都要像唐寅一样度过一生才叫淡然，毕竟人各有志，每个人都有自己的志向。只要我们能够坚守自己的志向，不为外物所动，我们就能够做到淡然守志，不会人云亦云，随波逐流。

脾气点播

宠辱不惊，闲看庭前花开花落；去留无意，漫随天外云卷云舒。这就是淡然的人生。作为平凡人，我们要淡泊明志，不为名利所惑。

山重水复疑无路，柳暗花明又一村

人生没有绝境，只有逆境，只要心中始终怀着希望。绝境与逆境唯一的不同在于，绝境是无可逆转的，而逆境则是暂时的困难。在遭遇逆境的时候，只要我们坚持不放弃，就一定能够等到一线生机，甚至有可能转败为胜。对于人生的这种一百八十度的大转弯，古人早就作出了总结，即“山重水复疑无路，柳暗花明又一村”。

人生之路说短也短，说长也长。当遭遇困境的时候，我们总是觉得每一分钟每一秒钟都是煎熬，而等到人生进入顺境，处于巅峰状态的我们又恨不得时间能够永远地停滞在这一刻。其实，时间并没有真的多一分或者少一分，这一切都是由于我们内心的感受决定的。人生路上，不可能永远阳光普照，当风雨来袭的时候，当前面无路可走的时候，切忌一味地钻牛角尖，而应该学会拐弯。在人生的路上，我们应该学习小溪。山林间的小溪，在有山有石头挡住它们去路的时候，假如无法逾越，它们就会改变自己的方向，寻找新的出路。人生也是如此，也许新的出路会给我们的人生带来完全不同的美好风景。

最近，小张非常沮丧、失落，原因是他的女朋友和他分手了。分手的原因很简单，小张和女友已经谈了三年恋爱，原本都准备谈婚论嫁了，但因为小张出身农村，没有钱在大城市为他们买婚房，所以女友就毅然决然地和他分手了。对此，小张也曾经埋怨过自己的父母，觉得他们一辈子面朝黄土背朝天，都没有钱为唯一的儿子准备婚房。然而，看着一辈子操劳不已的父母，小张又觉得很心酸。自己已经大学毕业参加工作了，非但没能让父母享福，反而还让父母跟着操心受累。想到这里，小张释然了。也许，以自己现在的能力和经济状况，根本不应该成家吧。

小张开始一心一意地工作，丝毫不再操心找对象结婚的事情。他想好了，他要凭借自己的努力让父母过上好日子，让女孩心甘情愿地嫁给自己。没多久，小张所在的公司就新招进来一批大学生。其中，有个女孩对小张印象很好，觉得小张踏实肯干，是个值得依靠的好男人。虽然女孩子攻势猛烈，但是小张却对谈恋爱心有余悸。谈了三年的女友都因为自己没房而和自己分手了，更何况眼前这个刚刚走上工作岗位的女大学生呢？她现在不在乎有没有房，是因为她想得不够长远吧？女孩很直爽，看着小张不停地逃避自己，女孩直接问小张："我不好吗？你为什么不接受我呢？"小张说："不是你不好，而是我的条件实在太差了，没有资格结婚。""你这是什么想法呀，我看上的是你这个人，而不是所谓的房子、车子和金钱。咱们还年轻，只要一起努力，就一定能够创造出美好的生活。"女孩坚定不移地说。看着坚定不移的女孩子，小张的心中暖暖的。

谈了一年多恋爱之后，女孩义无反顾地和小张走进了婚姻的殿堂。事实证明，女孩真的如自己所说的那样，和小张一起同甘共苦。而小张呢？也确实没让女孩子失望。通过努力，他们很快就过上了幸福富足的生活。

很多时候，命运夺走了我们生活中的一个东西，一定会在其他方面给予我们补偿，甚至还会给我们带来更好的选择。小张的前女友因为小张没有房子而离开了小张，然而，小张非但没有自暴自弃，而是励志图强，决心要凭借自己的努力创造美好的生活。事实的确如此，等待着小张的是另一个女孩更美好真挚的感情。

脾气点播

当遭遇人生的逆境时，千万不要放弃，只有坚持，才能迎来转机。要相信，人生没有绝境，机会只属于那些能够坦然面对逆境、承受生活苦难的人。

做一个不生气的聪明人

常言道，不能生气的人是蠢货，不去生气的人是智者。生活中，总有些人一遇到点儿不如意就会火冒三丈。那么，这种人是聪明还是傻呢？在生气的同时，他们非但没有惩罚别人，反而用别人的错误惩罚了自己。其实，生活中真正的聪明人很少生气。

人与人在打交道的过程中难免会因为各种各样的原因产生矛盾。这个时候，最重要的是找到合适的办法解决问题，而不是动辄就生气，使事情恶化。很多时候，我们眼睛看到的未必是事实，我们耳朵听到的未必是真话，只有不生气，用心去观察人世百态，我们才能够真正感受到生活的百般滋味，也才能知道人心善恶。所以，聪明人很少生气，因为生气不但会伤害我们自己的身心健康，还会使我们变得愚蠢，变得失去理智。要想更好地与人相处，发展自身，我们就要学会做一个不生气的聪明人。

很久从前，有个人叫爱地巴。他有一个非常奇怪的习惯，就是每当与人发生争执时就以最快的速度跑回家，然后围绕着自己的土地和房子跑三圈。经过多年的苦心经营，勤劳的爱地巴越来越富有，不仅土地越来越多，房子也越来越多。然而，他的习惯始终没有改变，那就是一生气就围绕房子和土地跑三圈。爱地巴越来越老，但是他却一如既往。

很多人都问爱地巴为什么这么做，爱地巴却始终保守着这个秘密，不愿意说破。直到有一天，年迈的爱地巴艰难地拄着拐杖围着土地走完了三圈，孙子劝他不要再这样折腾自己了，他才语重心长地对孙子说："年轻时，我很穷，生活艰难，每次吵架后我都围绕房子跑三圈，心想，我的土地这么少，我的房子这么小，我怎么能把宝贵的时间用于与人生气上呢！后来，我的土地越来越多，房子越来越大，我告诉自己，我已经这么富有了，生活无忧，我为什么要因为一点儿小事就和人计较呢？只要这么想，我很快就会不生气了。”

故事中的爱地巴显然在跑三圈的过程中成功地劝慰了自己，再三提醒自己生活的目的。虽然这个道理很容易就能说清楚，但是生活中依然有些人斤斤计较，为了生活中的琐事而忽略了生活的最终目的。假如我们能够牢牢记住生活是为了享受，而不是为了斗气，那么我们的心态就会平和几分。实际上，真正聪明的人知道自己真正想要的是什么，知道生活中最重要的是什么，这样一来，人生也就豁然开朗了。

脾气点播

聪明的人能够控制自己的情绪，合理地发泄自己的情绪，用理智驾驭情感，不被表象所迷惑，理智地应对一切的人和事。这就是不生气的智慧。

第2章

警惕坏脾气——别因一时的情绪毁掉你的前程

几乎每个人都有独属于自己的脾气秉性，有人温柔敦厚，有人尖刻犀利，有人棱角分明，有人圆滑世故，有人亲和善良，有人脾气暴躁……总之，一千个人中也很难找出性格完全相同的两个人。在茫茫人海中，能够性格相似就已经是很不错的了。在千人千种脾气秉性之中，坏脾气无疑是最糟糕的。

冲动是魔鬼

在生活中，真正具有绅士和淑女风度的少有，但是被怒气冲昏头脑、怒不可遏的坏脾气却是很常见。因为坏脾气的驱使，人们被冲昏了头脑，甚至在情急之下做出不可理喻、让自己事后后悔万分的事情来。这就是冲动造成的恶果，在生活中屡见不鲜。尽管人们常说冲动是“魔鬼”，但是能够免遭“魔鬼”蹂躏的人们却依然是少之又少，凤毛麟角。

在现实生活中，冲动是一种极具破坏性的情绪，如果不能很好地控制冲动的情绪，我们的生活就会在冲动的魔爪之下瞬间发生翻天覆地的变化，这种变化甚至是不可逆转的。很多时候，把我们击垮的并非生活中的种种磨难，而是坏情绪。冲动的时候，人们很难作出正确的抉择，冲动给人们的生活和工作带来了恶劣的影响，使人们追悔之余，后悔不迭，却于事无补。正如西方谚语所说的，“上帝欲毁灭一个人，必先使其疯狂。”对于冲动，最好的办法就是在自己被冲动役使之前先控制住激动的情绪，使自己慢慢恢复平静和理智。只有这样，我们才能避免遭遇冲动的魔爪，使自己的生活归于条理和秩序，变得平静祥和，安宁美好。

2012年的某一天，徐某约了好几个朋友去一家新开张的饭馆尝鲜。吃完晚饭之后，因为饭馆里的人太多，而徐某和朋友们又着急去KTV唱歌，所以，他们就把钱压在盘子下面离开了。这时，饭店老板余某的小舅子李某和同事恰巧正在隔壁的桌子上吃饭，他们看到徐某一群人走了，还以为他们是吃“霸王餐”！想到这里，李某三步并作两步地追上徐某等人，并且质问道：“你们结账了吗？急急忙忙地就要走。”这句话引起了徐某的不满，使他觉得自己在同事面前丢了面子，因此，喝得有点儿醉醺醺的他大声嚷道：“你眼睛瞎了啊！”这么一句不清不楚的话，使李某更加确定了徐某是吃“霸王餐”的，因此，李某的同事也都围了上来。几句话之后，这一群人就发生了群殴，双方都为了面子互不相让。一场厮打之后，徐某的脑袋被板凳砸得脑震荡，李某的脸上也开了花，他们双双进了派出所。不仅如此，余某的饭店刚刚开业就惊动了110，因此被责令停业整顿。

面对这样的结局，所有人都感到后悔莫及。

其实，这件事情根本就没必要闹到现在这种程度。徐某因为喝得醉醺醺的就离开了，被李某误解为没有结账也是很正常的。李某面对没有结账的客户，一上去就质疑显然不是明智之举。假如李某的态度能够好一些，而徐某能够多些耐心好好解释一番，那么，这场因为冲动导致的悲剧就能够避免。而如今，在冲动的驱使下，一件原本应该皆大欢喜的事情变成了一场以悲剧收场的闹剧，不由得引人深思。

看来，人们常说的“冲动是魔鬼”一点儿都没错。冲动的确是魔鬼，它不仅使人们失去理智，也使人们的生活在瞬间发生不可逆转的改变，甚至还会改变一个人的生活轨迹。作为一个有理智的人，作为一个聪明人，我们千万不要因为一时之气而与人发生争执，否则，只能落下两败俱伤的结果。

脾气点播

冲动是魔鬼，我们要控制好自己的坏脾气，使自己远离冲动的魔爪。

坏脾气是你成功的绊脚石

在生活中，我们经常看到有人整天都笑呵呵的，从来不烦恼，但是有些人却整日愁眉苦脸的，即使遇到原本不应该生气的事情也会怒火中烧。有时，我们自以为受到伤害或者是不公平的待遇时就会生气，却不知道生气是在拿自己或是别人的错误惩罚自己，从而不仅使自己感到痛苦，也使别人觉得如坐针毡。由此可见，生气不论于人于己都不是一件好事，我们应该改一改自己的坏脾气，使自己远离怒气。除了对于身体健康的恶劣影响之外，坏脾气还会严重影响我们的社会交往。人是群居动物，没有人能够脱离集体而生活。在生活与工作中，我们难免会遇到一些脾气和性情各异的人，如何更好地与他们交往，是对职场人士和生活达人的考验。交往的首要前提，是我们先要控制住自己的坏脾气，使自己成为受人欢迎的人。

不可否认，人的脾气有好坏之分。坏脾气的人总是给自己和别人带来不愉快的心情，而好脾气的人则恰恰相反。无论去哪里，好脾气的人都很受欢迎。尤其是在当今社会，人际交往能力已经上升到相当重要的地位，即使你能力再强，但是如果无法与身边的人友好相处，那么你也不能真正地融入一个团队，实现与人合作。由此一来，坏脾气就严重影响了你的前程，使你离成功越来越远。

在公司里，张娜是出了名的“黑脸”。她大学毕业就进了公司，如今已经成为公司的元老级人物，掌管着公司最重要的销售部门。对于销售部门，很多员工都谈虎色变，因为张娜的严厉是出了名的，虽然老总再三找她谈话，让她在处理具体问题的时候具体对待，还让她注意团结同事，但是张娜却一如既往。

张娜不仅铁面无私，而且脾气很坏。每次，一旦有同事犯了错误，张娜肯定是不顾对方的脸面，当场就是一顿训斥。对于张娜的坏脾气，很多老员工都已经习惯了。然而，对于刚刚研究生毕业进入销售部门的李杜来说，他可受不了张娜那一套。有一次，李杜因为失误，导致公司失去了一个宝贵的订单。对于这件事情，老总表示谅解，说年轻人都是在错误中成长起来的。然而，张娜却揪住这个小辫子不放，不仅在销售部门的会议上公开批评了李杜，还说李杜是“嘴上没毛，办事不牢”。这下子可把李杜惹恼了，犯了错误可以批评，但是不能搞人身攻击啊。“人非圣贤，孰能无过”，当李杜在老总面前说出这句话的时候，老总居然不由自主地笑了起来。这个年轻人有股子闯劲儿，居然敢到老总面前告状。后来，老总果然狠狠地警告了张娜。

因为人缘不好，等到了投票选举副总经理的时候，原本资格最老、资历最深的张娜却毫无悬念地落选了，而比张娜后进公司、人缘很好的人力资源部经理马蕴顺利升任副总经理。对于这一结果，每个人都很坦然，只有张娜纳闷，她不知道，自己这么努力，这么忠诚于公司的利益，为什么被一个不如自己的人抢走了副总经理的职位！

没有任何人在公司里的地位是不可取代的，正如古代君臣之间的关系，水能载舟，亦能覆舟。作为领导，除了要做好本职工作之外，最重要的就是搞好与下属的关系，因为职场同样适用“得民心者得天下”的道理！

脾气点播

坏脾气不但使你的身体健康受到损害，心情受到影响，还使你的人际关系越来越恶劣。你还等什么呢，赶紧远离坏脾气吧！

坏脾气不等于自私高傲

所谓坏脾气，其实是个很宽泛的概念，有时很多不好的性格和脾气都可以称为坏脾气，但是坏脾气却绝对不包括自私高傲。因为自私高傲是比坏脾气更难以让人容忍。很多时候，坏脾气有一部分是天生的，如有人天生性格急躁，在意识到这一点之后，有时能够取得他人的宽容和谅解。与此相反的是，自私和高傲却是品质问题。面对一个自私高傲的人，我们很难心平气和。

所谓“自私”，指的是个体在当自己的利益与对方发生冲突时，会以满足自己的利益为主，而丝毫不顾及对方的伤害和损失。即使他的行为会损害对方的利益或者是感情，自私者仍然会为了顾全自己的利益而不择手段。因此，自私的人大多数品质恶劣，只顾自己，不顾他人。而高傲的人，则处处都觉得自己优越于他人，表现出不可一世的气势，在与人相处的时候往往采取居高临下的态度，不顾及别人的自尊和感受。和坏脾气的人时常无法控制自己的情绪比起来，自私高傲者往往使人在感情上更加难以接受。因此，坏脾气的人应该时刻反省自身，即使一时之间难以改变坏脾气的毛病，也要杜绝自私和高傲的情况出现，这样一来，不至于那么招人讨厌。

一直以来，小昭都无法理解为什么身边的同学不喜欢她。她总是说："其实，我这个人本身并不坏，我只是脾气不太好，爱发火而已。假如大家能够包容我一些，我也努力改变自己，那么，我想我和同学之间的关系就会好很多。"

通过一段时间的观察，心理辅导员发现小昭其实并非像自己所说的那样只是脾气不好，其实，小昭并没有认识到自己身上存在的真正的问题。首先，小昭很自私。小昭是家里的独生女，从小衣来伸手，饭来张口，不管什么事情，都依赖父母为自己解决，而且做事情的时候也很少考虑别人的感受。和同宿舍女生相处的时候，小昭每天晚上在图书馆看书到很晚才回宿舍，很多时候，宿舍里的同学都已经睡着了，但是小昭却像在家一样自由随便，洗漱的时候也没有放轻手脚。因此，宿舍里的舍友都不喜欢小昭。而对于班级里的同学呢？小昭则总是摆出一副高高在上的模样，她不管和谁说话，脸上都带着睥睨的表情，似乎自己是个高高在上的公主，而其他人都是她的奴仆一样。有的时候，小昭需要其他同学的帮助，但是她却从来不会说"请"字，而是对别人发号施令。另外，小昭的脾气还不好，动不动就着急，一遇到不顺心的事情就对其他同学大喊大叫的。辅导员和其他同学进行了交流，大多数同学都说："仅仅是脾气臭也就罢了，毕竟每个人都有自己的性格特点，有的时候冲动了也很难控制住自己。但是，就是看不惯她的自私和高傲，我们是她的同学，不是她的父母，没有必要宠着她惯着她。"

确定了问题的根源之后，辅导员专门和小昭进行了几次长谈，最终使小昭意识到了自己身上的问题所在。为此，她也表示了自己之前确实没有意识到这个问题，并且决心要改。

因为本能的冲动使然，很多时候，人们也许能一次两次地容忍一个人的坏脾气，但是却很难日久天长地忍受一个人的自私高傲。我们应该学会区分坏脾气和自私高傲，千万不要因为自私高傲而导致自己的人际关系越来越恶劣。

脾气点播

坏脾气不等于自私高傲，在改正坏脾气之前，我们首先要戒高傲戒自私哦！

心浮气躁的人生与幸福无缘

从某种意义上说，坏脾气有一部分是天生的，是由人们的脾气秉性决定的。然而，从另一个角度来说，脾气的好坏和后天的修炼也是密不可分的。一个人假如宽容平和，凡事不斤斤计较，那么就不容易滋生坏脾气。与此相反，假如一个人成天小肚鸡肠，遇事斤斤计较，而且急功近利，凡事都想拔得头筹，那么日久天长，难免就会滋生不好的情绪，导致自己的心绪越来越糟糕，脾气也越来越坏。

生活中，几乎每个人都在追求幸福美好的人生，有的人得到了，即使粗茶淡饭，也过得有滋有味，而有些人却在追求幸福的过程中迷失了自我，即使锦衣玉食，却依然与幸福无缘。究其原因，就在于是否拥有平和淡然的内心。记住，幸福只属于那些自知恬淡的人，而不属于那些心浮气躁的人。心浮气躁的人生，注定与幸福无缘。

如果说在参加工作以前唐钰还是个有着理想和志向的女孩，那么，参加工作之后的她对于自己未来人生的设计和规划则完全不同了。

读大学的时候，唐钰学习非常努力，她知道，自己来自偏僻的农村，在大城市里一无亲戚二无朋友，所以，她特别想依靠自己的努力在这个城市站住脚。大学毕业之后，因为没有关系和门路，唐钰并无法像那些家在本地的同学一样对待工作挑三拣四的。后来，经过了两个月漫长的寻觅与等待，她最终进入一家房地产公司工作。初次工作就进入挑战性极大的销售行业，刚开始的时候，唐钰是劲头十足的。然而，随着时间的流逝，唐钰在工作中接触了很多她眼中所谓的“有钱人”。唐钰所在的城市——上海是个国际化大都市，随便一套房子都价值几百万。看到络绎不绝来买房的人，再想想自己微薄的工资，唐钰不禁问自己：这样下去，猴年马月我才能买得起属于自己的房子呢？因此，两三个月过去，原本非常努力的唐钰不再努力了，她的眼睛盯着那些前来买房的单身男士，想着要结交一个有钱的男朋友。渐渐地，主管发现唐钰的应酬越来越多，从刚开始一门心思地卖房子，变成了随随便便地搭讪买房的客户，和他们出去吃饭、娱乐等。见此情形，主管旁敲侧击地提醒唐钰要注意工作的形象，不要随便和客户单独约会。不想，此时的唐钰已经被大城市的花花世界迷住了心窍，她没有把主管的话听进心里。最终，唐钰的销售业绩越来越差，被公司开除了。

此后，唐钰又换了好几份工作，但是都没能抵挡住金钱和物质的诱惑，一门心思地想要钓得金龟婿。最终，当五年以后同学聚会的时候，大多数同学都已经在单位站稳了脚跟，只有唐钰还在摇摆不定地找工作呢！

假如唐钰能够脚踏实地地工作，一年的时间完全够她为自己在单位树立良好的口碑，为自己的工作和未来的发展打下坚实的基础。然而，唐钰在参加工作没多久就迷惑了自己的双眼，失去了自己本来的目标，这也就不难理解她为什么无法掌握自己的人生了。假如她能够及时悔悟，认识到自己的欠缺，努力加以调整，那么她也许还能够找到幸福的人生。反之，她始终执迷不悟，最终失去了自己人生的方向，一事无成。

脾气点播

不管干什么事情，都应该脚踏实地，千万不要好高骛远；无论何时，我们都要坚持自己的理想和原则，千万不要轻易放弃！

不要成为愤怒的奴隶

在生活中，我们经常看到一些人在面对很多突发情况或者是意外情况的时候怒不可遏，甚至做出很多令人难以理解甚至是令自己追悔莫及的事情。究其原因，就是因为他们被愤怒控制了，成了愤怒的奴隶，因此无法很好地控制自己，甚至失去控制。

人生在世，会遇到很多复杂的情况，其中有些状况是我们完全没有心理准备的。在这种情况下，你是选择淡然以对还是选择怒火中烧呢？尽管大多数人都本能地选择了后面的反应，但是其实，后一种反应非但于事无补，还会使事情越来越糟糕。最明智的做法是平淡地面对这些突发状况，最好能够做到冷静从容。很多人都知道，人在激动的情况下，智商几乎为零，因此，要想真正地解决问题，我们首先必须保证自己的智商处于正常的水平下。只有这样，我们才能理智地进行思考，避免被愤怒驱使而做出令自己后悔的事情。

马力是个暴躁的坏脾气。从小到大，他都缺乏耐心，一遇到意外的情况，他的第一反应就是生气，而不管这件事情是否值得生气，更不管生气能否解决问题。记得小时候，马力的学习成绩很好，每次考试都是班里的第一名。有一次，因为考试之前妈妈没有给他把铅笔削好，结果导致他在考试的时候还得自己削铅笔。也许是因为削铅笔耽误了时间，马力的最后一道附加题没有做完，因此成了班级排名第三。得知自己的成绩后，马力丝毫没有从自己的身上找原因，而是第一时间开始生气。他气鼓鼓地想："哼，都是因为妈妈没有提前为我准备好铅笔，才害得我考试的时候耽误了时间，要不，我肯定是第一名。"那天回家，马力没有理睬妈妈，而是始终一个人躲在房间里生闷气。

长大后，马力丝毫没有改变自己爱生气的特点。大学毕业后，参加面试找工作的时候，主考官问马力："假如客户认为你的服务不够好，你会怎么说？"虽然只是一个假设的情境，但是马力马上就开始怒火中烧起来，他气鼓鼓地说："他凭什么质疑我的服务呢？明明就是他自己无理取闹嘛！您看，在他正式购买我们的商品之前，我已经详细地介绍了商品的品质和功能，而且也说了如果不是商品质量问题，则拒绝退换。他就是自己买完了商品又后悔了，与我有什么关系呢？所以，我会直接告诉他非质量问题概不退换。"听了马力的话，主考官笑了起来，他说："你思维很清晰，而且讲起道理来也很有条理，但是，我却不能让你做这份工作。"马力不解地看着主考官，主考官接着说："原因很简单，你的态度不适合做销售行业，更不适合做售后工作，因为你没有服务意识，也没有顾客就是上帝的意识，所以，你会得罪我们的很多客户。我觉得，你这种性格最好闷头搞研发，那样比较不容易得罪人。当然，你所学的专业不足以在我们单位从事研发工作，所以，你还是再试试其他机会吧！"听到这里，马力很生气地离开了，临走，他对主考官说："您这是是非不分！"

后来，马力找了很多份工作，但都以失败而告终。

事例中的马力无疑是一个典型的愤怒的奴隶。他总是不问青红皂白地就生气，殊不知，这个世界上的很多事情介于黑和白之间的模糊地带，并不是非黑即白的。假如他能够控制住自己的怒气，不要轻易发脾气，那么相信他将更容易找到适合自己的工作。

脾气点播

愤怒能够帮助我们解决什么问题呢？除了使事情更加糟糕以外，愤怒似乎并不能给我们带来任何好处。

控制自己的坏脾气

假如你不能控制自己的坏脾气，那么，你注定要被坏脾气所控制，成为坏脾气的奴隶。前文已经讲述了被坏脾气控制的坏处和恶果，那么，我们究竟怎样才能控制住自己的坏脾气呢？其实，还是有很多方法可以参考的。例如，在事情发生之前就考虑到最坏的结果，这样能够心中有数，也能够在事发之前做好心理准备。这样一来，当事情真的发生的时候，就不至于手足无措了。其次，还可以在事发的时候提醒自己深呼吸。很多人之所以被坏脾气所控制，就是因为他们是急脾气。其实，事情发生的时候，除非紧急情况之外，我们无须在第一时间内就做出反应。对于大部分不那么着急的事情，我们完全可以先深呼吸一会儿，提醒自己冷静下来，然后再做出反应。这样，我们提出的方案就不至于太过偏激，考虑得也能够更加周全一些。

当然，控制自己坏脾气的方法还有很多，每个人都应该根据自己的现实情况去采取最合适的办法。坏脾气带给我们生活的危害很大，不仅会伤害我们自己，更会伤害我们身边的人。所以，每个人都应该慎重对待自己的坏脾气，在坏脾气发作之前就努力争取控制住它。

雅娟是个不折不扣的坏脾气。很多时候，即使是一点点的小事情，也会使雅娟怒火冲天，发起怒来的她完全不顾及别人的感受，就像一支喷火的枪一样充满杀伤力。了解雅娟这个特点之后，很多朋友无形中都疏远了雅娟，毕竟谁也不愿意当别人的出气筒。

渐渐地，雅娟发现自己身边的朋友越来越少。为此，她问自己最好的朋友小娜："小娜，为什么大家都不喜欢和我相处呢？"小娜想了想，说："我告诉你，你可不许发脾气！"得到雅娟不发脾气的承诺后，小娜才继续说道："你呀，就是脾气太坏了。你想啊，大家都是家里的娇娇女，谁愿意出来受你的气呢？而且，你一发起脾气来不管不顾的，让人脸上也挂不住啊！"听了小娜的话，雅娟正准备生气，突然想起自己承诺了小娜不生气，因此，她勉强地笑了笑说："哎呀，我又不是故意的，我就这个脾气！"小娜看到雅娟控制住了怒气，接着说："你的父母能容忍你的坏脾气，但是朋友可没有这个义务啊，他们觉得你这个人不好相处，自然就疏远你了！"雅娟其实也知道自己的毛病，因此她很诚恳地说："那我该怎么办呢？我真的不是故意的。"

在小娜的建议下，雅娟去了心理诊所。医生了解了雅娟的情况后，说："你这种情况很常见，你无法控制自己的坏脾气，伤人伤己。其实，要想控制自己的坏脾气有个很简单的办法，那就是'宁停三分，不抢一秒'。和开车一个道理，宁愿多等三分钟，也不要抢在那一秒之内急于对人对事做出反应。在这三分钟之内，你可以深呼吸，可以看看窗外的风景，就是不要开口说话，也不要怒形于色。"雅娟抱着半信半疑的态度按照医生说的去做了，果然，没多久，她的坏脾气就有所改善了。她发怒的次数明显减少了，而且学会了站在别人的立场上考虑问题。再加上小娜经常在身边提醒她，所以，她很好地控制住了自己的坏脾气。很快，雅娟身边又有了很多好朋友，快乐重又回到了她的身边。

坏脾气虽然很难控制，但是只要方法得当，还是会有改善的。前提是我们要认识到自己的坏脾气以及坏脾气给我们和身边的朋友带来的伤害，这样我们才能心甘情愿地控制自己的坏脾气，效果自然是事半功倍的。

脾气点播

坏脾气不可怕，只要用心，就一定能控制它！

享受云淡风轻的人生

人生，除了忙忙碌碌地过，还可以云淡风轻地过。人，除了为了名利而脚不沾地地忙碌，还可以对一切淡然处之。很多时候，我们无法知道自己真正想要的是什么，但又终日忙碌，马不停蹄。直到有一日，我们的身体敲响了警钟，我们才恍然大悟，原来只有健康才是人生的"1"。然而，此时彻悟，是不是已经有些晚了。

在遥远的偏僻山区有一个小山村，最近，这个小山村突然间人流不断。原来，传说这个小山村有"圣水""圣地"，能够治愈百病。于是乎，小村子里突然住进了很多身患绝症的人，他们之中有很多是大老板、大富豪，腰缠万贯，身家上亿。原本，他们有着无数的理由离不开自己的公司、自己的事业，但是，当生命的警钟敲响之后，他们突然之间幡然醒悟，一切都不如活着重要。因此，他们义无反顾地离开喧嚣的都市，来到这个偏僻到几乎与世隔绝的小山村。他们几乎不再吃肉，每天都靠吃山村里农民种的简单蔬菜和粮食度日。除了电灯，他们几乎不与任何电器接触，和当初整日电话不断、离不开互联网的生活有着天壤之别。

村里旁边的山上有个很深的山洞，每天，那些身患绝症的人们都聚集在山洞口的大树下，吸氧。为了接地气，甚至还有人像稚嫩的孩童一样趴在地上。乍一看，来到这里的人们好像回到了纯挚的童真年代。他们知道，从现在开始，自己的一切生活都要回归自然。然而，事已至此，并非是人们怀着美好的憧憬就能如愿的，在这里，有些人的病情解缓了，有些人则离开了人世。

虽然我们无从考证这个村子的“圣水”“圣地”到底有没有效果，毋庸置疑的一点是，回到这里的人们，不管是继续活着，还是已然去世，都回到了原始的生活状态。其实，对于大多数人而言，也许真的只有到了这种人生大限即将来临的时刻才能明白生命中最重要的是什么。而作为活着的人，健康的人，我们应该从他们的身上吸取经验和教训，及早地过上云淡风轻的生活。

脾气点播

当我们不知道自己还能再活多久，生命就变成了最重要的。一切的名利浮华，终将变成过眼烟云，离我们的生命渐渐远去。

真正的强者能够战胜自己

在人的一生之中，也许会遇到很多对手，甚至是敌人。在一次次的挑战面前，有些人胜利了，有些人则失败了。其实，胜利的人真正战胜的并非是敌人，而是自己。而那些失败的人真正败给的也并非是敌人，也同样是自己。很多时候，人们会说每个人的心里都住着一个心魔，此话一点儿都不假。不管是战胜对手或敌人，还是战胜那些人生中不期而遇的困境和坎坷，我们只有先战胜自己，才能成为强者，才能战胜其他的人和事。

早在几千年前，老子就曾经说过，“胜任者有力，胜己者强”。意思是说，战胜别人的人是有威力的，而战胜自己的人才是真正的强者。不管是越王勾践卧薪尝胆还是韩信忍受胯下之辱，都是战胜自己的表现。这也正应了今人的一句话，人最不了解的就是自己。正因为如此，“自己”才是自己最强大的敌人。假如我们能够战胜连自己都不了解的“自己”，那么，我们还惧怕他人吗？当今社会发展迅猛，物欲横流，人们的心态越来越浮躁。一切都进入了快餐时代，连爱情都成了方便面式的了。古人云，“吾日三省吾身”，要想战胜自己，首先要进行自我反省，了解自己的不足和缺陷，这样才能扬长避短、取长补短。此外，对于自己而言，最大的敌人还有欲望。欲望是一个深渊，很多人因为不能控制欲望而陷入无尽的深渊，那些贪官污吏不就是最好的说明吗？对于普通人而言，贪欲也是自己不思进取的一个重要原因。因此，我们应该战胜自己内心的恐惧，战胜自己的欲望，使自己清心寡欲，无为而无不为。

赵明是一家公司的主管，一直以来，他始终都在主管的位置上，而没有丝毫的提升。其实，并非老总不愿意提升赵明，而是赵明担心自己干不了，因此想一劳永逸地在干惯了的主管位置上。如此一来，在他的工作业绩已经是有目共睹的前提下，工作压力也不会那么大了。

随着时间的流逝，好几个曾经是赵明下属的员工都成了各个分公司的经理，而赵明却还在那个位置上晃荡着。哪知道，好景不长，赵明就连主管也干不踏实了。原来，赵明所在的部门要精简人员，吸纳新鲜的血液。如此一来，作为好几朝元老的赵明自然成了老树横枝。眼看着自己即将被列入待岗的名单，赵明在妻子和众多好友的劝说下决定奋力一搏。他勇敢地向总经理递交了申请升职的申请书，并且主动要求去没人愿意去的新开的分公司。其实，总经理几次提拔赵明都遭到了拒绝，这次真的已经对赵明没什么耐心了。但是看到赵明在此关键时刻愿意迈出大胆的一步，再加上分公司那边确实也急需一个人去管理，因此，他批准了赵明的申请。

当事后从其他中层管理人员口中得知总经理的计划时，赵明不由得深吸了一口冷气。假如他没有战胜自己，及时地迈出这一步，那么他在公司里辛辛苦苦十几年积淀下来的成就就功亏一篑了。如今，赵明凭借着自己稳扎稳打的作风，把分公司管理得风生水起。当然，如今的赵明已经不满足于当个分公司经理了，他还想当华北地区的大区总监呢。

在这个事例中，赵明为形势所迫，最终战胜了自己。假如他没有及时地迈出这一步，那么等待着他的就将是待岗的命运。这样一来，不仅他苦心经营十几年的成就毁于一旦，人到中年的他再想去新的公司打拼也是很难的。让人欣慰的是，自从勇敢地迈出这一步之后，赵明的上升通道就打开了，如今的他野心勃勃，憧憬着自己美好的前途。

脾气点播

很多时候，只要迈出那关键性的一步，我们就战胜了自己。

坏脾气，使好事变坏

坏脾气的坏处不胜枚举，其中，使好事变坏事无疑是最使人沮丧的一条。很多时候，假如没有控制好坏脾气，原本的好事就真的会朝着坏的方向发展，甚至使事情达到无可挽回的地步。如此一来，当事人会是多么沮丧，可想而知。

在生活中，因为坏脾气而把好事变成坏事的例子很多。因为坏脾气，因为不可控制地突然发作，很多事情都遭到了误解，甚至是接连误解。洞察世事的人不难知道，很多悲剧都是因为接二连三的误解造成的。假如我们能够按捺住自己的急脾气，遇到事情先不急着发作，而是耐心地了解事情的真相，找出最好的解决方案，那么事情就不至于朝着无法挽回的方向发展。

艾米是一家公司的销售主管，最近，她听说公司高层正在考核相关的中层领导，想从中挑选一位成为公司的副总。对此，艾米心中颇有几分得意，她觉得这个职位非自己莫属。当然，她也是有对手的，那就是和她一起进入公司的行政主管李云。论资历，她们俩都是老资历了。论成就，艾米把销售部搞得热热闹闹，而李云呢，也是公司不可或缺的重要人物。这么说吧，没有艾米，公司的销售业绩就会大打折扣；而没有李云，公司的大事小情短期内就会陷入瘫痪状态。即便如此，艾米始终认为利润是一个公司生存的基础，所以她坚持认为自己的地位比李云更重要。

最近，李云也得到了公司要从中层选拔高层的消息，所以她也处处谨小慎微，生怕在关键时刻有什么差错。公司里的同事都议论纷纷，说副总不是艾米就是李云。眼看着公司高层的考核期马上就要结束了，突然有一天，艾米得到内部消息，说高层已经决定提升李云为副总。得到这个消息后，做事向来雷厉风行的艾米按捺不住了。她在第一时间就给老总打了电话，不但历数自己曾经创下的辉煌业绩，而且质问老总自己哪里不如李云，为什么公司要提拔李云当副总。总之，艾米颇有点儿得理不饶人的架势。接到电话后，老总笑了笑，让艾米少安勿躁。其实，艾米不知道的是，这也是高层的考核内容之一。在艾米得到消息说公司决定升任李云为副总的同时，李云也得到了消息说公司要提升艾米为副总。不过，李云可比艾米沉稳多了，她既没有给老总打电话，也没有闹情绪，而是像以往一样兢兢业业地工作。在这一轮考核中，李云无疑胜出了。最终，经过公司董事会的详细讨论，决定提升沉稳干练的李云为公司副总，而一致认为雷厉风行的艾米还是主管销售工作更合适。

艾米哪里输给了李云？无疑就是坏脾气。在形势复杂的商场，急脾气无疑也是坏脾气的一种，更何况艾米还怒气冲冲地质问了老总。假如不是艾米打的电话，也许高层还无法这么快地就决定取李云而舍艾米。面对这样的结局，艾米如何能够知道自己输在一个电话上呢？公司的管理是很复杂的事情，不仅需要睿智的思维，还需要沉稳的作风。显然，李云更符合作为公司副总的要求。

脾气点播

只有理智冷静地处理事情，事情才会朝着好的方向发展。不管什么时候，坏脾气都无法真正地解决问题。

坏脾气，使好人没人缘

如果你的父母是个坏脾气，你大概会觉得很痛苦，然而，你却无法改变父母长久以来养成的脾气秉性，因此，你只有痛苦地忍耐。如果你的孩子是个坏脾气，那么你在为他担忧之余完全有机会循序渐进地改变孩子的脾气，使其学会忍耐，学会理智地思考问题、冷静地处理问题。那么，如果你的朋友是个坏脾气呢？曾经有很多开始谈婚论嫁的情侣最终因为难以忍受对方的坏脾气而选择了分手，那么，作为朋友遇到坏脾气的结果就可想而知了。只要不是从小穿一条裤衩长大、不是亲人胜似亲人的铁磁，相信绝大部分的人在遇到坏脾气的朋友时都会选择逃跑。既然没有足够的感情让你决定忍耐对方，又没有足够的理由让你决定包容对方，那么逃跑就是你唯一的选择。

试想，假如一个人是个坏脾气，他的身边还会有大群的朋友吗？恐怕只能剩下为数不多的不和他计较坏脾气的朋友。如此一来，即使这个坏脾气的人心地善良，恐怕也没有人愿意忍受他的坏脾气。这就是坏脾气使好人没有好人缘的道理。

几乎所有人都说老张是个好人，但是同样几乎所有人都不愿意和老张相处，甚至还有人叫他“张老邪”。其实，老张人特别好，是个面冷心热的人。但是，他的脾气真的不太好，有些古怪不说，还特别暴躁。好多朋友都说，老张适合与和他“心有灵犀”的人交往，然而，世界上的人千千万万，有几个是心有灵犀的呢！

老张沉默寡言，遇到别人求他办事，他也总是帮忙。对于身边的朋友，遇到他看不顺眼的地方，他也总是毫不留情地指责对方，甚至当面让对方下不来台。对此，朋友们刚开始的时候还能够容忍，日久天长，大多数朋友都离老张而去了。尽管如此，朋友也还是会在评价老张的时候中肯地说："人很好，脾气很滥，真心受不了。"

老张是学校的老师，一次，因为年级竞赛，老张与另外一个平日里关系比较好的老师产生了冲突。原因是那位老师为了获得名次，居然协助学生作弊。从道理上讲，当然是这个老师错了，但是，老张的处理方式却让所有人都瞠目结舌。在全校老师的例会上，校长正准备宣布散会，老张突然站起身来说道："今天，我有件事情必须向大家揭露，那就是某某老师为了得到名誉和奖金，居然违背师德，帮助学生作弊。"在老张的揭发下，全场哗然，可想而知，那位老师的颜面何在。其实，大家都是同事，哪怕老张想揭发那位老师，也完全可以采取一种比较迂回或者委婉的方式，至少在没有得知校长对此事的态度之前，不应该如此让人没有回旋余地。从此之后，大家都对老张敬而远之。

在这个事例中，其实老张的心本身不坏，他之所以揭发那位老师，也并非是报私仇或者是什么其他的原因，而是因为他为人正直，脾气耿直。让人遗憾的是，老张虽然是出自好心，却办了坏事，就连校领导都不领他的情。因为他在急脾气的驱使下唐突地把这件事公布于众，导致校领导也非常被动。

为人处世，仅有好心是不够的，因为好心办坏事的事情时有发生。我们应该控制好自己的脾气，采取合适的方式和恰当的态度，这样才能既当好人，又有好人缘。

脾气点播

使下做出冲动之举，那么也就不会有好人缘。即使心眼再好，如果做

第3章

控制坏脾气——做自己的主人

很多时候，我们能够意识到自己有坏脾气，但是我们却总是被坏脾气奴役，依然做出一些难以挽回的事情。其实，仅仅意识到自己的脾气不好是不够的，更重要的是要控制自己的坏脾气，使自己成为情绪的主人，这样才能够成为自己真正的主人。

事情不讲究方式方法，在坏脾气、急脾气的驱

发脾气只能使事情更糟糕

面对生活中的很多突发状况，发脾气能解决问题吗？很多人都知道不能。然而，依然有很多人无法控制地发脾气。其实，生活就是这样反复无常，没有人的一生是一帆风顺的。生活中，既有坦途，也有逆境。面对顺境，我们也许会笑逐颜开；面对逆境，我们也许就会愁眉不展。其实，欢笑并不能使顺境锦上添花，哭脸也不能使逆境尽早结束。人生在世，我们需要的是以平静的心态面对生活中的花开花落，潮起潮落，这样，人生才会更加和缓平顺，这样在遇到坎坷的时候，我们也不至于无从应对。

发脾气，不仅使我们的身体状况在愤怒的状态下受损，也使身边的人受到我们坏脾气的影响而心情恶劣。更有甚者，发脾气会使事情朝着更加糟糕的方向发展。

如果不是因为乱发脾气，张军也许早就和未婚妻李梅结婚了。他们俩是从小一起长大的发小，高中毕业后，各自奔赴异地读完了大学。后来，他们大学毕业后相约回到了家乡。然而，也许是因为个性的不同，也许是因为大学的分离，总之，两个人再走到一起之后才发现记忆里的那些美好都变了味道。变化最大的是张军，小时候虽然他有些小脾气，但是还不乏可爱。但是如今，他的脾气越来越坏，动不动就乱发脾气。

眼看着两个人都到了谈婚论嫁的年龄，在讨论结婚细节时，因为与李梅家里的要求有些许出入，张军非但没有好言商谈，反而大发脾气。面对夹在父母和张军之间委屈得直哭的李梅，张军怒不可遏地说："我真没想到，李梅，你居然和你的父母一样势利。你爱的根本不是我这个人，你是想嫁给房子，嫁给汽车！别拿你的父母当借口，你要是真的爱我，就不会因为你父母的阻挠而为难我。"原来，李梅是独生女，眼看着从小含在

嘴里怕化了，捧在手里怕摔了的闺女就要出嫁了，李梅的父母想借着结婚的机会让张军家多出一些钱，把该置办的硬件都置办齐全了，这样闺女嫁过去之后就不用再为东西发愁了。不想张军家里却不愿意把所有的钱都拿出来办喜事，由此一来，就产生了矛盾。面对这样的局面，其实张军应该知道李梅夹在中间是最难受的，但是，火暴脾气的他非但没有安慰李梅，反而质疑李梅对自己的感情。对此，李梅委屈万分。在张军一次一次的发脾气之后，李梅最终决定和张军分手。她不是嫌弃张军家买不起房子和汽车，而是觉得受不了张军的脾气。人生漫长，他们未来需要面对的还有很多，如果经历这一点小的挫折就火冒三丈，又如何面对以后的生活呢？！

李梅的想法是对的，而张军原本能够抱得美人归，最终却只能对镜空叹。其实，张军无异于一个枢纽，但是他却没有起到枢纽的作用。如果他能够控制好自己的情绪，把这些细枝末节的事情处理好，那么，他就能够把这件好事做得完满一些，而不会落得如此遗憾的下场。

在生活中，我们要控制好自己的坏脾气，避免像张军一样把好事变成坏事。很多时候，人生就像等待红绿灯，宁停三分，不抢一秒，只有耐心用心地等待，我们才能等来最终幸福的大结局。

脾气点播

不管面对什么事情，坏脾气只能使事情越变越糟糕，只有心平气和地想办法才能真正解决问题。

愤怒使智商瞬间消失

很多时候，那些很容易生气的人其实都是内心胆怯的人。他们因为不够自信，怕别人不惧怕自己，为了树立自己的权威，他们动辄就生气，以便使自己在怒气的衬托下显得更令人畏惧。其实，真正的强者很少生气，一则是因为他们足够自信，二则是因为他们知道愤怒会使人的智商降低，尤其是对于那些一旦生起气来就不顾一切的人而言，愤怒则会使他的智商瞬间消失。

所谓愤怒，指的是因为极度不满而情绪激动到极点。在这种情况下，人们被怒气所控制，甚至失去理智，如此一来，自然无法作出正确的抉择，甚至无法理智地思考。因此，要想避免被愤怒所控制，我们就要学会掌控自己的情绪，凡事看开一些。要知道，人生不如意十之八九，假如处处生气，时时愤怒，那么简直没法快乐地活着。在生活和工作中，愤怒导致的恶果不胜枚举。大凡成功之人，一定是能够控制自己怒气的强者，正所谓人最大的敌人是自己。

大军和二军是亲兄弟俩，他们不仅住在一个村子里，而且房子紧紧相邻，共用一面山墙。这也许是父亲在为他俩张罗婚事操持着给他们盖房子的时候，想着两兄弟住在一起可以互相有个照应吧。刚开始的时候，弟兄俩都是新婚，小两口卿卿我我，弟兄俩见了面客客气气，倒也和睦。后来，两家都有了自己的孩子，孩子嘛，在一起玩的时候难免有个磕磕碰碰。众所周知，谁家的孩子谁心疼，日久天长，两个母亲因为孩子的争吵打闹难免有了嫌隙。

一天，大军家的小宝又哭哭啼啼地回家了，告诉妈妈说是弟弟小鹏打了他，还说婶子一句话都没有批评小鹏。听了孩子的话，大军媳妇心中积压已久的怒气冲天而出，她不假思索地走出家门，冲到二军家的院子里，对着弟媳破口大骂。弟媳无缘无故地挨了骂，自然也不甘示弱，就这样，她俩你一言我一语地骂开了。骂着骂着，大军媳妇发现自己并没有占据上风，居然开始说弟媳作风有问题。后来，邻居闻讯赶来，才把她们拉开了。

大军回家后，听了媳妇的诉说，不由得批评媳妇说："你也真是的，两个孩子一个三岁一个四岁，你怎么能听孩子的话去和二军媳妇吵架呢！"正说着，大军看到二军拎着菜刀恶狠狠地进了屋，大军还没来得及说话，二军把左手食指往桌子上一放，"砰"的一声把食指齐根剁下。看着亲弟弟的手指在桌子上不停地抽搐，大军不由得叫了一声亲娘。二军说："大嫂不是说我被媳妇戴绿帽子了嘛，这闲话不用别人传啊！"说完，二军走了。大军颤抖着拿起弟弟的手指，赶紧找人把弟弟送到了医院。

原本是亲妯娌，就因为三四岁的孩子说的话就引发了一场口舌之战。假如大军媳妇能够控制住怒气，也就不至于朝弟媳妇泼脏水。假如二军能够理智一些，想一想自己媳妇在和大嫂吵架之后添油加醋的诉说，也就不会一怒之下把自己的手指剁下来。事后冷静想一想，几个当事人肯定都追悔莫及。然而，他们都在愤怒之下失去了理智，导致思考问题的智商瞬间变成了零，所以他们全都说出了让自己后悔的话，做出了让自己后悔的事。

生活中的事情原本就没有绝对的对错，如果人们能够多一些宽容，能够在愤怒之下停顿几分钟，让自己瞬间为零的智商得到恢复，理智地进行思考，那么人间就会少很多悲剧。为了避免悲剧在自己身上上演，我们一定要控制好自己的怒气。

脾气点播

既然怒气会使我们的智商瞬间为零，那么在愤怒之下，我们一定要谨言慎行，千万不要因为冲动做出让自己追悔莫及的事情。

用欢笑赶走怒气

笑，是人们内心善良以及平和心态的一种表现，在欢笑的时候，人们会表现出愉快的表情，同时，身体内的安多芬分泌物也会增高。人们生来就具有笑的能力，它不仅关系到人们的生存，也是一种很好的健身运动。在笑的时候，从面部到腹部，大概有80块肌肉参与运动，而且，笑对人的肺功能的锻炼和心脏的血液循环都有一定的促进作用。遗憾的是，科学研究证实，在孩童时代，人们每天大概笑400次，但是长大成人之后，人们每天大概只笑15次。这两个数字简直有着天壤之别，也就证实了人们长大之后为什么总是很怀念童年时代的纯真与快乐。对于身体的健康来说，欢笑的次数如此急剧下降，无疑令人深感遗憾。对于心绪来说，欢笑的缺失则更是一种莫大的憾事。因此，我们应该经常欢笑，因为欢笑是保持青春的美容操，是使心灵永远年轻的秘籍。

长大之后，我们为什么忘记了欢笑的滋味？究其原因，是因为我们在成长的过程中渐渐地感受到了世间百态，心情没有那么纯净，感受越来越复杂了。如果说童年时代是仅供我们用来享受生活的，那么长大之后的我们就必须面对生活的酸甜苦辣，百般滋味，由此一来，当面对生活的不如意时，我们就会时常被怒气包围。其实，这个时候我们不如用欢笑来赶走怒气。很多科学家都研究发现，欢笑能够有效地使人从怒气之中挣脱出来，即使是强颜欢笑，也能够赶走一部分怒气。由此可见，在被愤怒团团围裹的时候，我们不妨有意或者无意地找找乐子，使自己能够欢笑起来，以便脱离愤怒的魔爪。

朱莉似乎是办公室的开心果，每个人都喜欢和朱莉说话，因为她总是能把开心和快乐带给大家。即使自己有了什么不开心的事情，朱莉也总是能够及时地从阴霾中走出来，照样阳光灿烂。后来，大家有了什么烦心事也会和朱莉说，朱莉常常能够三言两语就使大家茅塞顿开，觉得天塌下来也有高个儿的顶着，凡事都没什么大不了的。

一次，王湾失恋了，去找朱莉哭诉。朱莉一语道破天机："你为什么要伤心呢，你应该高兴才对啊。你想，假如等到结婚以后才认清那个负心汉的真面目，那你岂不是亏大了。现在离开他，是上帝在救你于水火之中啊！"说着，朱莉笑了起来，王湾也不由自主地破涕为笑。笑着笑着，王湾突然停下来，惊诧地说："来找你之前我简直都不想活了，但是我这么被你逗笑之后，突然觉得一切都没什么大不了的。你为什么总是这么快乐呢？"朱莉微微一笑，说："原因很简单，就在你眼前。"看着面前这个笑靥如花的朱莉，王湾突然间似乎领悟到了什么，说："朱莉，我突然发现你很爱笑啊！”“是呀，这就是我永葆年轻，天天快乐的原因。你知道吗？当伤心或者是生气的时候，我就会告诉自己笑一笑。当然，有的时候我也笑不出来，那我就强迫自己笑。我发现，即使是强迫自己笑，不是发自内心地笑，我的心情也能够得到有效的改善。后来，我就总是提醒自己笑口常开，尤其是心情不好的时候，愁眉苦脸只会雪上加霜，只有欢笑，才能驱走心中的阴霾。”

听了朱莉的话，王湾恍然大悟，她说：“原来这就是你快乐的秘籍啊！看来，我以后也要多笑笑，这样才能使自己永远开心快乐！”

事例中朱莉的发现是有一定道理的，即使不是发自内心地笑，而只是强颜欢笑，也能够有效地驱散我们心中的阴霾，使我们的心情变得乐观起来。由此可见，当生气的时候，当伤心的时候，千万不要任由自己的心情朝着恶劣的方向继续发展，而是要主动地笑一笑，这样，心情就能尽快好起来。

当然，每个人在悲伤愤怒的时候都有自己的排遣方法，有人压抑的时候喜欢去唱歌，有人伤心的时候喜欢躲到大自然中呼吸新鲜空气，还有人郁闷的时候喜欢运动，体验汗流浃背的感觉……在众多的方法中，欢笑无疑是最方便快捷的方式，当无暇进行长途旅行或肆意宣泄的时候，我们不妨牵动嘴角向上，给自己做一个心情的美容操。

脾气点播

当怒气来临的时候，欢笑就是最好的止怒药。让自己笑一笑，自然能够赶走心中的阴霾和抑郁。

幽默，快乐自己，高兴别人

从某种意义上说，幽默是一门哲学。幽默一词之所以能够得到广泛应用，是因为英国人文主义戏剧家琼生在作品《个性互异》和《人各有癖》中均以幽默见称。尤其是在他的讽刺喜剧代表作《伏尔蓬涅》中，人物性格更是按照“气质”划定的。因为文艺在社会上的广泛流行，所以琼生的幽默理论也随之不胫而走。后来，林语堂把幽默一词移入中国，并且在《林语堂——论读书，论幽默》一书中对于幽默进行了详细的阐述。

在现实生活中，幽默的作用无比强大，不仅能够使幽默者本人感受到快乐，也能够使其他人感受到快乐。因此，人们总是喜欢与幽默的人交往，而幽默者的人缘也总是非常好的。总而言之，幽默是一件一举两得的事情，不仅能够快乐自己，还能够高兴别人。虽然人人都希望自己能够成为一个幽默的人，幽默却并非是人人都能具备的能力。只有那些思维敏捷、天生乐观的人才能具有幽默的潜质。幽默不是调侃，不是低级的逗乐，真正的幽默建立在智慧之上，是一种极具智慧的表现。所以，要想拥有幽默的能力，使自己成为受欢迎的人，我们还必须努力提高自身的素养，开阔自己的眼界。

幽默的方式有很多，不仅可以借助声势来造成幽默的效果，还可以凭借省略、概括、对比、双关等方式达到幽默的目的，当然，也可以用身体语言来产生幽默的效果，即借助幽默的动作表现幽默。

1883年，美国文艺评论家、诗人詹姆斯·罗威尔担任驻英国大使。有一次，他去伦敦参加晚宴，在晚宴上，他发表了一篇即席演说，名为《餐后演讲》。在演讲的最后，詹姆斯·罗威尔说：“记得童年时，我曾经听说过一个故事，是关于美国一个卫理公会的牧师。在一个野营的布道会上，牧师开始布道，讲了关于约书亚的故事。他说：‘信徒们，太阳有三种运行方式，第一种是向前也就是径直的运动；第二种是后退也就是向后的运动；第三种就是我们的经文中提到的——静止不动。’（现场的人们发出笑声）先生们，不知你们是否真正了解这个故事的寓意，希望你们真正了解了。今天晚上，餐后演讲者首先走径直的方向（起身离座，进行示范）——也就是太阳向前的运动。接下来，牧师返回原地，开始重复自己——也就是太阳向后的运动。最终，凭着良好的方向感，牧师把自己带

到终点。当然，这无疑是我们刚刚所说的太阳静止的运动。”（在欢笑声中，罗威尔再次入座）

有一位在职场上叱咤风云的女强人，每天都忙于工作和应酬，因而无意中怠慢了丈夫，忽略了家庭。在忍无可忍之后，丈夫和女强人提出了离婚，并且态度决绝，使人觉得毫无回旋的余地。其实，女强人虽然沉迷于商场，内心深处却是深爱丈夫和孩子的。为了挽回丈夫的心，为了保全家庭，当丈夫问她离婚后要什么时，女强人脱口而出：“在这个家里，我什么都不要，只要你。”听了妻子的话，丈夫不由得转怒为喜。其实，他只是生气妻子忽略了家庭，并非真的不爱妻子了。如今，听到妻子的这番话，他怎么能不暗自窃喜呢？之后，他们陷入危机之中的婚姻也得到了缓和的机会。

在生活和工作中，幽默的作用不可谓不大。伤心的时候，幽默可以使人破涕为笑；生气的时候，幽默可以使人转怒为喜；着急的时候，幽默能够为人减轻压力……总而言之，有幽默的地方就有欢笑，有幽默的地方就有快乐。

脾气点播

为了使我们的生活与快乐相伴，我们应该培养自己幽默的能力，使自己感到快乐，使身边的人也充满欢声笑语。

不偏执的人更受欢迎

从医学的角度来说，偏执是一种病态，往往有很多极端的表现；从日常表现来说，偏执的人总是很固执，从不轻易改变自己的想法。实际上，在现实生活中，偏执的人是不受欢迎的。因为他们总是固执己见，从不轻易改变自己的想法和做法，哪怕认识到自己是错误的，他们也会选择错误地坚持。和偏执相对，人们更喜欢从谏如流的人。毫无疑问的一点是，每个人都会犯错误，在这个世界上，没有人是绝对正确的。因此，在生活和工作中，我们应该时时自省，意识到自己所犯的错误或者是做得不到位的地方。面对别人善意的批评和中肯的意见，我们也应该虚心地采纳，有则改之，无则加勉，这样，我们才能不断地进步，成为一个受欢迎的人。和毫无主见的人比起来，偏执的人无疑走到了另外一个极端。

很多时候，明明是最简单的一件小事，如周末去度假的时候走哪条路，这个问题其实是很好解决的，找出最合理最便捷的路径即可。然而，如果遇到一个偏执的人，坚持认为走某一条路线是最好的，那么他就会不顾别人的正确意见而坚持走自己的那条路线。这种情况下，假如另外一方不是那么较真，顺从偏执者也许能够解决问题。相反，假如对方也是很偏执的，坚持认为走自己的那条路线是最好的，那么，一场愉快的周末度假也许就会不欢而散。现代社会，人们往往有自己的主见，因此，不偏执的人在与人交往的时候往往更受欢迎。

琼和杰恩原本已经谈婚论嫁了，但是最近他们却谁也不理睬谁。朋友们见此情形都很纳闷，因此纷纷撮合他们。谁料到，琼表示不想和杰恩结婚了，原因简单得让朋友们瞠目结舌："我想挂白色的窗帘，感觉清爽干净，但是杰恩却坚持要挂红色的窗帘。我一想象新房里挂着红色的窗帘就不想结婚了。"对此，杰恩的解释是："我喜欢红色，红色热烈而又奔放，是代表婚姻的颜色。很小的时候，我就梦想着自己结婚的时候能挂上红色的窗帘。如果不让我挂红色的窗帘，我会永远都对自己的生活心存遗憾的。"

在这个事例中，琼和杰恩无疑都是偏执的人。对于一对即将走入婚姻殿堂的夫妇而言，他们却因为挂什么颜色的窗帘这个微不足道的小问题而争执不休，甚至搁置了婚礼，这在外人想来也许很难理解。然而，实际情况是，偏执的人就是如此。他们往往在一个小问题上纠结不已，无法迈过自己的心坎。

其实，生活中本没有那么多原则性的问题，所以没有那么多的事情需要我们坚持原则。对于普通人而言，很多事情都是可以商量的，答案和解决方案都不是唯一的。要改变偏执的性格，我们首先要减少自己的原则，因为生活中没有那么多原则。更多的时候，我们需要讲求的是和气，毕竟只有和和睦睦地与家人、朋友、爱人相处，我们才能生活得更快乐。

脾气点播

生活中没有那么多原则问题，很多时候，好说好商量的人更受人们的欢迎。

第4章

赶走坏脾气——多给自己一些阳光

一份美好的心情比十服良药更能解除生理上的疲惫和痛楚。一份好心情，能够使我们身心得到健康。对于每一个人来说，坏脾气的出现会挡住我们心中的阳光，从而形成一种消极的心态。生活其实很美好，多给自己一些阳光雨露，让我们赶走“乌云”，让郁积在内心的“坏情绪”消失。

生活中需要阿Q精神

对我们来说，阿Q是一个并不陌生的名字，在鲁迅先生的描绘下，他的形象跃然纸上。而对于阿Q精神，人们却褒贬不一，有人感到不屑，把它当作民族的劣根性；有人却崇尚于阿Q精神的积极性，甚至有人坦言："生活中需要阿Q精神。"很多时候，我们会发现，阿Q不仅仅出现在鲁迅先生的小说里，他还经常出现在生活中，或许在我们身边就有这样一个人。在阿Q身上，有一个引人注目的特点："在任何挫败或生气时都会以虚幻的胜利感来安慰自己或欺骗自己。"由此而延伸，人们将这一种情绪调节法称为"阿Q精神胜利法"。在现实生活中，良好的情绪是需要那么一点阿Q精神胜利法的。

在小说里，阿Q的形象看起来似乎很可笑，但是，在一个充满苦难的年代，阿Q只能以无奈的方式来维护自己活下去的信心与勇气。对此，有心理学家研究了阿Q的行为特点，并表示"阿Q精神胜利法实际上是一种自我心理调节，对人们调节心理或情绪十分有帮助"。当然，我们所获取的是阿Q精神胜利法的积极面，比如，遇见令人生气的事情，幽默一笑，不仅快乐了自己，而且将快乐带给了别人。这样看来，阿Q并不是耍贫嘴，而是玩魔术，他所制造并享受到的快乐，实际上比那些所谓的有钱人更多。孔子曾这样评价自己的得意门生颜回："一箪食，一瓢饮，居陋巷，人不堪其扰，回也不改其乐。"颜回以求道为乐，他获得了其乐融融的生活。虽然，阿Q与颜回相差十万八千里，但是，他们有一个共同的特点，他们都游刃有余地掌握了快乐的哲学，学会了调节情绪的有效方法。的确，那些掌握了精神胜利法的人，是不会生气的，或者，即使心中有气，却仍然为精神上的胜利而变得快乐起来。

在未庄，阿Q是一个极其卑微的人物，在他看来，整个未庄的人都入不了自己的眼。赵太爷进城了，阿Q并不羡慕，还说出了自尊自大的话来：“我的儿子将来比你阔得多。”阿Q进了几回城，变得十分自负，甚至有点瞧不起城里人，遇到别人嘲笑自己头上的癞头疮疤时，阿Q也不生气，反而以此为荣，笑着回答：“你还不配。”

在未庄，阿Q经常被欺负，有时候，他被一些闲人揪住辫子往墙上碰，他就会说：“打虫豸，好不好？我是虫豸，你还不放吗？”有人说：“阿Q，你怎么如此自轻自贱？”阿Q听了也不生气，反而自诩“自轻自贱第一名”，毕竟所谓的状元不也是“第一名”吗，那么，自己的这个名号似乎并不吃亏。

遇到与别人打架的时候，如果是自己吃亏了，阿Q也不生气，心想：“我总算被儿子打了，现在世界真不像样……”于是，本来愤愤不平的心理也得到了满足，以胜利的姿态回去了。赌博赢来的钱被人抢走了，阿Q也不气恼，如果没有办法摆脱“闷闷不乐”，他就自己打自己，这样感觉被打的是“另外一个”，这样，阿Q在精神上又一次转败为胜。

精神胜利法就如同麻醉剂，让阿Q一次次摆脱内心的烦恼，变得无比快乐。阿Q依然是阿Q，面临绝望的物质困境，唯有用精神来安慰自己。现实生活中的我们，依然可以用阿Q精神来摆脱不良情绪的困扰：受到了他人的辱骂，想到幸好失去内涵修养的人是他而不是我；受到了不公正的待遇，至少我能公正地对待一个人。以精神上的胜利来安慰生气的自己，这样一来，内心的愤怒情绪就会消失不见。

日常生活中，我们常听到：“真是，差点儿被气死。”其实，人之所以被气死，主要原因是在于自己心胸狭窄。三国时期，周瑜才能过人，但终因自己心胸狭窄，在诸葛亮的“攻心”之下被活活气死，临终前，他还发出“既生瑜，何生亮”的感叹，或许，周瑜至死都不知晓精神胜利法的存在。同样是拥有卓越才华的司马懿，却善于运用阿Q精神，即使诸葛亮派人给司马懿送去了“巾帼女衣”对其进行羞辱，司马懿却丝毫不生气，反而笑着对下面的人说：“孔明视我为妇人焉。”若无其事，将阿Q精神发挥到极致，由此，不得不承认，阿Q精神可以有效地避免自己生气，所以，学学阿Q精神，让自己“Q”起来。

脾气点播

我们可以说阿Q精神胜利法是调节情绪的有效方法，如果我们能运用恰当，那么，良好的情绪会助我们走向成功之路。

雨天，也可以有好心情

哲人说："人生就像一朵鲜花，有时开，有时败，有时候面带微笑，有时候却低头不语。"其实，人生就是这样，无论我们处于什么样的境地，只要学会看情绪晴雨表，学会调节出好心情，你会发现，人生远没有想象中的糟糕，而我们所遭遇的那些根本不算什么。人生，注定就是一条充满曲折、困难的路，或许，烦恼无所不在，但是，面对这样一些事情，我们能够尝试着打开心灵的另一扇窗户，以一种积极、乐观的心态去面对，你会发现，所谓的烦恼根本不存在。人生依然无限美好，问题的出现并没有改变我们的好心情。有人这样抱怨："这天老是下雨，还要不要人活啊，今天出门的计划又泡汤了。"而在街头的另一处风景中，一位少女正撑着雨伞散步，小脚丫在雨水中快乐地奔跑。我们发现，"下雨"这个事实并没有改变，少女所改变的不过是自己的心情，像天气预报一样，情绪也有晴雨表，要想自己拥有一个好心情，我们要善于选择"晴朗的天气"，而不是沮丧的"雨天"。

曾经听过这样一个故事：

有个老太太有两个儿子，一个卖伞，一个刷墙。于是，老太太天天提心吊胆，闷闷不乐，因为晴天的时候，她担心儿子的伞卖不出去，下雨的时候，她又开始发愁另外一个儿子没法刷墙。后来，一位智者告诉他："试着换个心情，你想想，下雨的时候伞卖得最多，那卖伞的儿子生意不正好吗，心情就好了；天晴的时候刷墙正好，刷墙的儿子生意也兴旺，心情自然也就好了。这样一来，无论是晴天，还是雨天，对于你来说，心情都没有改变。所以，什么天气都会不错的，你应该选择的是一份快乐的心情。”老太太听了，笑逐颜开，再也不整天担心了。

杯子里有半杯酒，一个酒鬼来了，看见就摇了摇头，十分沮丧：“唉，只有半杯酒。”一会儿，又来了一个酒鬼，看到半杯酒，兴奋地说：“太好了，还有半杯酒。”杯子里依然是半杯酒，但是，因为心境不同，心情自然大有不同。每个人的心中都有一个情绪晴雨表，只是，我们常常习惯于看见阴郁的雨天，而忘记了晴朗的那方天空，于是，我们的情绪也变得阴郁起来，不由自主地以悲观、消极的心态来面对生活。如此一来，那些本来看起来十分细小的事情，也会让我们火气大发，甚至阴郁的心情会蔓延开来，逐渐影响我们身边的人。心情，与生活一样，我们是可以选择的，即使事情变得十分糟糕，我们也依然选择以快乐的心情面对。这样，我们既能看清楚事情的真实情况，也可以让积极乐观的心态帮助我们更好地解决问题。

从前，有一位禅师，他十分喜爱兰花，在平日讲经之余，禅师花费了许多时间来栽种兰花，弟子们都知道禅师把兰花当成了自己生命的一部分。

有一次，禅师要外出云游一段时间，在临行前，禅师特意交代弟子：“要好好照顾寺庙里的兰花。”在禅师云游的这一段时间里，弟子们都很细心地照料着兰花，但是，有一天，一位弟子在浇水时不小心将兰花架碰倒了，所有的兰花盆都跌碎了，兰花也撒了满地。弟子感到十分恐慌，并决定等禅师回来后，向禅师赔罪。

过了一段时间，禅师云游归来，听说了这件事，便立即召集了所有的弟子，非但没有对那位弟子责怪，反而安慰道：“我种兰花，一是希望用来供佛，二是为了美化寺庙环境，不是为了生气而种兰花的。”

禅师喜欢兰花，是一种情感的自然释放，并不是为了生气而种兰花的。因此，即使弟子不小心弄坏了兰花，禅师也选择了快乐的心情，他不仅没有生气，反而安慰弟子。面对兰花这件事情，禅师选择了坦然的心情，自己虽然喜欢兰花，但心中却没有“气团”这个障碍，所以，失去了兰花并不会影响自己的情绪，禅师依然有一份难得的好心情。而且，深知情绪晴雨表的禅师明白，自己即使生气又有什么用呢？反而会乱了自己的心情，坏了情绪，不如选择一份快乐的心情，以坦然的心境面对一切。

脾气点播

学会调节出好心情，你会发现，人生远没有想象中的糟糕。

做一个智者，不因生气做出愚蠢行为

马克·吐温说：“世界上最奇怪的事情是，小小的烦恼，只要一开头，就会渐渐地变成比原来厉害无数倍的烦恼。”对于智者来说，不会在意那些小小的烦恼，因为烦恼会成为生气的源头，而生气则是十分愚蠢的行为。在生活中，那些生气所带来的恶劣情绪会挑拨起内心的冲动，冲动的结果将会令我们更加生气。哲人这样形容生气带来的愤怒情绪：一个人在生气时就像是在喝酒一样，一旦喝下了第一杯，就会一杯接着一杯喝下去，最后，越喝越醉。于是，那些容易生气的人愚蠢地陷入了愤怒的情绪里，难以摆脱，最终，只会被生气的情绪所吞噬。如果知晓这样的道理，聪明的人是不会选择生气的，往往只有那些愚者才会选择生气。

一位研究情绪的心理学家曾这样告诉人们：“生气是一种最具破坏性的情绪，它所给人们带来的负面情绪可能远远超过我们的想象。”无疑，生气犹如一颗定时炸弹，将严重影响我们的正常生活，使生活失去了原本平和的美丽。一个人在生气时，他的所作所为都是没有经过大脑思考的，处处沾染冲动的痕迹，虽然，怒气在发泄的那一瞬间是顺畅的，但是后果却需要我们自己埋单。

生活中总是有着我们不如意的事情，有可能是被别人奚落了，有可能是自己最珍贵的东西被别人损坏了，但是，即使面对这样一些令人生气的事情，我们依然有所选择，可以选择生气，更可以选择不生气。

聪明的人深知，即使生气了也挽回不了什么，徒增许多怨气，于是，他们选择了不生气；愚蠢的人，他们总是看到事情的表面，凡事喜欢生气，总认为生气是自己的专利，殊不知，时间久了，生气就成了自己的本性。做一个聪明的人，还是愚蠢的人，关键是看你如何去选择。

脾气点播

学会做一个智者，克制住内心的愤怒，千万不要因为生气而说出愚蠢的话，做出愚蠢的行为。

找到点燃愤怒的火源，并熄灭它

在现实生活中，我们经常会遇到一些令自己愤怒或生气的事情，这时候，一种恶劣的情绪就会从心中不断涌上来，它们如同火山下喷涌的岩浆，不断加温、加热，以至于能够在最后那一刻爆发。但是，这样一种心理的情绪失控会给我们的生活带来一些不必要的麻烦，火山爆发是美丽的倾泻，但却生灵涂炭，暂时的发泄是一种快感，可是，当心灵回归平静之后怎么办呢？因此，我们需要在“火山”尚未爆发之前，就找到“火源”，并将其彻底浇灭，使之不再复燃。

日常生活中，我们都懂得这样的道理：阻碍大火向四处蔓延的唯一有效方法是——彻底消灭火源。到底什么才是那大火的引燃物？到底生气的根源是什么？事实上，只有我们自己最清楚，毕竟，在这个世界上，并没有无缘无故的愤怒，它始终是源于一个点。心理学家认为，一个人心中的怨气是一点点郁积起来的，或许，在刚开始，我们的心情只是稍微有点不愉快，但是，如果这时候再遇到一系列令人头疼的事情，这样的情绪就会升温，火势开始迅速蔓延开了，最终所形成的结果无异于“火山爆发”。

心理学家曾经接待了这样一位客人：

那天，一位貌似大学生样子的女孩走进了我的心理咨询室，刚一坐下，她就开始向我“控诉”：“前两天我正在准备一次重要的考试，可是，就在前天晚上，隔壁王阿姨带着一对双胞胎女儿来串门，我暗示王阿姨说，我明天要考试，需要安静的环境。但是妈妈特别喜欢那对双胞胎，极力挽留王阿姨再玩一会儿，小孩子很顽皮，我本来想静下心来好好复习功课，结果她们在外面嘻嘻哈哈，我一点儿也看不进去，愤怒之余，内心感到一种委屈，忍不住趴在桌上大哭了一场。这时，又想起之前的种种不顺利的事情，结果越哭越伤心，几乎整个晚上都在哭，第二天感觉晕乎乎的，只得昏昏沉沉地去考试，当然，这次考试很不理想。”

我听完了她的讲述，明白了是怎么回事，我慢慢帮助她解开生气的源头：“这样看来，你似乎挺喜欢生气的，从你刚才的讲述中，我可以知道，你其实有自己的房间，一开始，你也可以告诉两个孩子别闹，说这样会影响自己学习，这样就可以互不干扰了。后来，你在屋子里复习功课，其实，不知道你发现没有，真正扰乱你心绪的并不是小孩待在家里所发出的声音，而是你内心对于这件事一直耿耿于怀，由于你心里太在乎这件事情，只要意识到小孩的存在，就会感到心烦意乱，更不用说她们真正地来影响你了。”听了我的话，她点点头，说道：“嗯，我感到十分委屈，每次我遇到了重要的事情，总是被别人影响，这样，白白浪费了我的许多时间和精力。”

看着她那痛苦而又无奈的表情，我试着用理解的口吻说道：“你不要着急，其实，你应该清楚自己为什么总是那么容易生气，主要是你以前处理问题的方式不对。每个人的生活并不可能一帆风顺，总是会遇到这样或那样的麻烦，但是，如果这些问题没有得到及时解决，往往会产生较坏的影响。时间长了，在你心中就形成了这样一种思维定式：一旦遇上问题，就会采取消极的反应方式，诸如发脾气、生闷气等，于是，生气就成了你固定的条件反应。其实，任何事情都是可以解决的，只要你积极地思考，遇到事情不要总是闹情绪或生气，你可以试着平静下来，或者向值得信任的朋友倾诉一番，这样，你的心里就会豁然开朗了。”当她走出我的心理咨询室的时候，我清楚地看见洋溢在她脸上的笑容。

心理专家认为，一般情况下，发脾气比生闷气好，因为在许多人看来，发脾气似乎是一件有伤大雅的事情，于是，他们选择自己生闷气而克制自己脾气的爆发。不过，根据美国心理学家所公布的一些研究结果表明，当一个人感到气愤而发脾气的时候，如果能够及时地宣泄出去，不仅有利于自己的身体健康，而且有助于帮助自己找到“火源”，让怒气彻底消失。

有人说：“经常性的生气就好像不断地感冒一样，会很严重地影响自己工作时的表现。”虽然，每个人都意识到了生气会如此严重地影响自己的工作，但怎奈心中怒气却难消？其实，在怒火攻心的时候，我们应该静下心来仔细想想：心中的怒气从何而来？对于那越来越强的怒火，是否自己找到了破解的方法呢？对此，心理学家建议我们：破解怒气的关键是，一定要找到怒气的根源在哪里。有可能是一件微不足道的小事，有可能是恶性循环的情绪反应，后者往往是愤怒和压抑所累积的结果，所爆发出来的力量是强大而惊人的。在这样一种恶劣情绪下，或许只是因为不喜欢某一个人的行为举止，就有可能会动怒。当然，要想找到“火源”，我们必须平静下来，这样我们才能更好地浇灭“火源”。

脾气点播

在通往成功的路上，许多时候，并不是我们缺少机会，或者是能力不足，阻碍我们通往成功之路的最大绊脚石是“火源”，即对愤怒情绪的控制，因为生气让我们失去了理智，同时，也错过了成功的机会。

阻止不良情绪的蔓延

著名作家大仲马说："你要控制你的情绪，否则你的情绪便会控制了你。"对此，耶鲁大学组织行为教授巴萨德说："有四分之一的上班族会经常生气。"如此看来，人们经常受到不良情绪的干扰，而且，稍有不慎，情绪就会成为我们的主人。有人这样形象比喻："经常性地生气就好像不断地感冒一样。"在日常生活中，如果我们想要避免感冒的侵袭，通常的做法是防护自己的身体，这样，感冒的病毒就不会传染到自己的身上。因此，为了不让怒气的毒传染到自己，我们应该做好一级防护。

当然，为了避免怒气的蔓延，我们所需要做的防护工作主要在于学会冷静思考，使自己在怒气来临时变得平和，这样，我们才能有效地避免盲目冲动。如何才能做到冷静思考呢？对此，爱德华·贝德福这样说道："每当我克制不住自己冲动的情绪，想要对某人发火的时候，就强迫自己坐下来，拿出纸和笔，写出某人的好处。每当我完成这个清单时，内心冲动的情绪也就消失了，我能够正确看待这些问题了。这样的做法成为我工作的习惯，在很多时候，它都有效地制止了心中的怒火，逐渐，我意识到，如果当初我不顾后果地去发火，那会使我付出惨重的代价。"贝德福有这样的习惯，其实是得益于自己早年所经历的一件事情。

爱德华·贝德福讲述了自己的经历：

在十几年前，在美国最著名的石油公司，有一位高级主管作出了一个错误的决策，而这个决策使整个公司亏损了200多万美元。当时，洛克菲勒是这家石油公司的老总，而我则是这家石油公司的合伙人。事情发生之后，我并没有前往石油公司，但是，我从侧面了解到，在公司遭到巨大经济损失后，那位主要责任人却一直在躲避洛克菲勒，企图躲过一劫。我感到事情不好处理，怀着对那位主管责难的心情，我走进了石油公司的办公室。

当我走进洛克菲勒的办公室，正看见他在一张纸上写着什么，或许是听到了我的脚步声，洛克菲勒抬起头，向我打招呼："我想你已经知道我们公司遭受损失了，我思考了很久，但是，在叫那个高级主管来讨论这件事情之前，我做了一些笔记。"我点点头，心想，应该计算一下那位主管所造成的经济损失，这样才有说服力。我走了过去，看了看那张纸，顿时，我惊呆了，那张纸上居然写着那位高级主管的一系列优点，其中，那位主管还曾三次为公司作出过正确的决策，于是，洛克菲勒在后面备注了这样一句话："他为公司赢得的利润远远超过了这次损失。"

看完洛克菲勒所记载的那些，我感到十分不解，质问道："难道你打算原谅那位让公司损失200万美元的家伙？你对此难道不感到生气吗？"洛克菲勒并没有理会我夹杂在话里的怒气，他笑着回答："难道你觉得这样不合适吗？听到公司损失的消息之后，我比你生气，当时就决定解雇这位主管，但是，当我平静下来以后，发现事情并没有如此糟糕，经济的损失可以再赚回来，而优秀员工的失去则是不可挽回的。"当然，那位主管最后并没有受到任何责备，我心中的怒气也消失得一干二净。

这件事情对爱德华·贝德福的影响非常大，以至于后来他在回忆这件事情的时候，还忍不住发出了这样的感慨："我永远忘不了洛克菲勒处理这件事的态度，它影响了我以后的生活，我不再轻易生气，甚至，面对怒气，我已经做好了一级的防护工作。"这一点并不假，所有贝德福下面的员工都可以做证，在这件事以后的时间里，贝德福的脾气出奇地好，几乎没有情绪波动的时候。

生气，是一个人由于自己的尊严或利益受到伤害而产生冲动的情绪，并且这样的状态很难一下子就冷静下来。阻止不良情绪的蔓延，就如同抵制感冒的侵袭，我们应该增强自身抵抗能力，善于思考，努力使自己变得平和，这样，即使情绪怒气冲冲而来，我们也能将它阻拦在外，冷静处理事情。

脾气点播

心理学家认为，生气是人的弱点，所谓的大胆和勇敢，并不是动辄生气，而是学会思考，学会克制自己内心的冲动情绪。

要开心，生气是对自己的惩罚

佛说："烦由心生。"那么心呢？生活中，每个人不过是一个凡夫俗子，怎么会生出那么多的"气团"呢？有什么值得生气的呢？一个人在生气时都有这样或那样的理由：受到了不公正的待遇会生气，受到他人的辱骂会生气，受到朋友的欺骗会生气，等等。虽然，只要一个人还活着，他就免不了生这样或那样的气，但是，很多时候，我们只是"拿别人的错误来惩罚自己"，本来犯错的就不是自己，何故要抛弃开心呢？而且，生气并不是一件皆大欢喜的事情，既伤自己的身心，又会得罪了朋友或身边的人。

从前，有一个妇女，她心胸狭窄，总是为一些小事生气，每一次生气，她都没有办法控制自己，长此以往，妇女的脾气变得越来越坏。为了改掉自己的坏毛病，妇女向一位大师求助。见到大师，妇女就把自己的苦恼一股脑儿全倒出来，大师听了，一句话不说，就把妇女带到了一个封闭的柴房里，然后，把大门锁了。妇女气得破口大骂，她一个人在漆黑的屋子里骂了很久，但是，没有一个人来理会他。妇女骂累了，她想到自己无论骂多久都是没用的，她又开始哀求大师开门，但是，大师还是无动于衷。

后来，妇女沉默了，大师才来到了门外，问道："你还生气吗？"妇女回答说："我气我自己，我真是瞎了眼，怎么会到你这种地方来受罪。"大师眼睛看着远处，说道："连自己都不原谅的人怎么能心如止水？"说完，拂袖而去。过了一会儿，大师又来了，问道："还生气吗？"妇女回答说："不生气了。"大师追问："为什么？"妇女无奈地回答："气也没有办法呀。"大师点点头，说道："但是，你的气并没有真正消逝，那气团还压在心里，爆发后将会更加剧烈。"说完，大师又离开了。

大师再次来到门前，妇女主动告诉大师："我不生气了，因为这根本不值得。"大师笑着说："还知道值得不值得，可见你心中还有衡量，还是有气根。"妇女不解，问道："大师，什么是气？"这时，大师打开了房门，将手中的茶水洒在地上，妇女想了很久，恍然大悟，向大师叩谢而去。

在大多数时候，生气并不能真正地解决问题，即使心中有气，局面也未必能够好转。而且，生气是一件不值得的事情，既然生气了还是不能解决问题，那何不怀着一份开心的心情来面对呢？在积极乐观的心态下，或许会对解决问题有良好的助推作用，同时，我们摆脱了"气团"的打扰，重新获得了一份愉快的心情，这何尝不是一件美事呢？

哲人说："生命的完整，在于宽恕、容忍、等待和爱，如果没有这一切，即使你拥有了一切，也是虚无。"生活中本没有那么多的烦恼，而是生气太多，烦恼才会形成了"气团"，从而使我们的生活开始不得安宁。如果你能仔细回想每一件事情，你会发现，原来上天也很眷顾自己，亲人一直陪伴左右，朋友也从未主动离弃。为什么一定要生气呢？气团是一种奇怪的东西，若是吞下去会觉得反胃；若你根本不在意它，那么，它会主动消失。如果你总是任由"气团"横冲直撞，那么，乌云将笼罩整片天空；如果根本不在意"气团"的存在，那么，美丽的彩虹会重归生活。人生的快乐是享受不尽的，哪里还有多余的时间去生气呢？在任何时候，我们应该永远记住：生气是用别人的错误来惩罚自己。

脾气点播

面对他人有意或无意造成的错误，请学会放宽心，这样，生活的天空就会时常出现美丽的彩虹。

别让负面情绪妨碍你成功

有人说：“人的一生的历史就是一部同消极情绪做斗争的历史。”似乎这句话有点夸张，但是，如果你仔细想一下会发现，这话有一定的道理。从另一个方面说明，克服内心的消极情绪对我们的人生成功具有重要的意义。当然，如果我们总是容易生气，任由“气团”不断膨胀，那么，本来应该成功的我们也有可能会发挥失常，这是相辅相成的道理。可能，对于大多数足球迷来说，2006年的世界足球杯并不陌生，当时，法国与意大利队进行决赛。在加赛的最后10分钟，由于受到对手的挑衅，法国著名球星齐达内突然情绪失控，用自己的身体冲撞对方的球员，与此同时，他得到了一张红牌，给自己的足球生涯画上了句号，同时还导致了法国队的失败。对于我们来说，负面情绪是一个致命的阻碍，尤其当我们即将获得成功的时候，我们会在负面情绪的影响下发挥失常。

1965年9月7日，在美国纽约举行了世界台球冠军争夺赛。当时，闻名世界的台球选手路易斯·福克斯十分得意，胸有成竹，由于自己的成绩遥遥领先于其他选手，只要正常发挥，自己便可登上冠军的宝座。

谁料，就在路易斯·福克斯准备全力以赴拿下整个比赛的时候，却发生了一件令自己意想不到的小事：一只苍蝇落在了主球上。刚开始，路易斯并没有在意，他只是挥手赶走了苍蝇，然后就俯身准备击球。可是，当路易斯的目光落到了主球上的时候，他发现那只可恶的苍蝇又停留在了主球上，路易斯皱着眉头赶走了苍蝇。这时，细心的观众发现了这一现象，不时发出阵阵笑声，大家都饶有兴趣地看着路易斯的一举一动，路易斯摇了摇头，再次俯身准备击球的时候，那只苍蝇好像故意与自己作对似的，又落在了主球上。

就这样，路易斯与那只苍蝇一直周旋着，观众的笑声一浪接着一浪，似乎并不是在观看台球比赛，而是看滑稽表演。此时，路易斯的情绪显然恶劣到了极点，当那只苍蝇再次落在主球上的时候，路易斯终于失去了理智和冷静，他气得用球杆去击打苍蝇，却一不小心碰动了主球，对此，裁判判他击球，路易斯因此而失去了一轮的机会。

在这场比赛中，约翰·迪瑞是路易斯的对手，本来，约翰认为自己已经注定失败，但是，见到路易斯被判击球，约翰不禁信心大增，连连过关。而在台球桌的另一边，路易斯在愤怒情绪的驱使下，连连失利，最后，约翰获得了世界冠军，路易斯失败了。

不过是一只小小的苍蝇，却击败了一个世界冠军，在愤怒情绪驱使下，路易斯发挥失常，最终与成功失之交臂。我们在扼腕叹息的同时，也为此感到震惊。这就是愤怒情绪所积压成“气团”的力量，它可以将我们阻拦在成功大门之外。每天，只要生活在这个世界，我们就会面对许多情绪，情绪似乎主宰了我们的一切，有人这样说道：“一切争吵都是从情绪开始的，一切纷争都来源于情绪。”其中，生气往往会引起强烈的反应，郁积成“膨胀”的气团，甚至有可能产生连锁反应，最后导致“火山”爆发。

在距离成功越近的时候，生气了该怎么办呢？最好的办法就是让生气的情绪停下来，让“气团”消失，以一种平和的心态追逐成功。如何克制内心的愤怒情绪？对此，心理专家向我们支招：“叫停、想一想、再去做，这三个步骤，是避免陷入怒火的最好方法。”

脾气点播

任何时候，我们应该及时疏导自己的情绪，化解“气团”，这样我们才有可能赢得最后的成功。

第 5 章

把“闷气”吐出来——善待自己才快乐

一个健康的人，如果郁结过深，总是喜欢生闷气，那么他的身体很容易就会垮下来。把闷气憋在心里，不仅让自己心情不好，也会影响身体健康，所以我们应该学会把闷气吐出来，善待自己，别跟自己过不去。毕竟身体是自己的，快乐是自己的，为什么要让别人影响自己的心情，消磨掉自己的快乐呢？

学会向朋友倾诉闷气和愁绪

有了烦恼、怒气，若不及时宣泄，必然会变成闷气，因此，当自己愤怒时，或者闷气郁积的过程中，我们需要及时地将那些不满的情绪宣泄出去。当然，宣泄情绪的方式有许多种，而向他人倾诉是其中一种行之有效的方式。一个人生活在这个世界，必然构建了一定的人际关系，有我们的家人，有我们的朋友，有我们的老师，等等，他们都可以成为我们的倾诉对象。倾诉内心的烦恼，他们会为我们分担一些闷气的愁绪，消除那些闷气的根源。可是，在现实生活中，许多人面对他人谈论自己的事情却是讳忌莫深，似乎伪装的面具就是坚强，无论自己多么烦恼，多么生气，也不愿向他人倾诉，宁愿自己一个人死撑着。直到有一天因为闷气而爆发，朋友才惊讶："原来他心中藏着这么多不为人知的秘密。"

英国思想家培根说："如果你把快乐告诉一个朋友，你将得到两个快乐。而如果你把忧愁向一个朋友倾吐，你将被分掉一半的忧愁。"分担，它是一件有趣的事情，可以让我们的快乐加倍，让我们的痛苦减半。当你发现自己被那些怒气缠绕，而且无力摆脱的时候，千万不要让它憋在心中，要学会宣泄情绪，学会向知己好友倾诉心中的烦恼，让自己摆脱闷气的缠绕。面对不良情绪，唯有主动释放，理智宣泄，否则，后果将不堪设想。

夜晚快到凌晨了，李太太家里的电话铃声突然响了起来，李太太拿起电话："喂，你是哪位？"电话里传来一个女子的声音："我恨透了我的丈夫。"李太太感到莫名其妙："我想，你打错电话了。"但是，对方似乎没有听见，依然继续说下去："我一天到晚照顾两个孩子，他还以为我在偷懒，有时候我想出去见见朋友，他都不肯，自己却天天晚上出去，跟我说有应酬，鬼才会相信呢。"李太太打断了对方的话："对不起，我不认识你。"那位妇女生气地说："你当然不会认识我了，这些话我怎么能对亲戚朋友讲，到时候肯定会搞得满城风雨，现在我说出来了，舒服多了，谢谢你。”随后，那个女子就挂断了电话。

虽然，这个女人的做法显得十分荒唐，但是，我们却从中发现，一个被不良情绪所困扰的人，他们其实很想把心中的忧愁和苦闷作一番倾诉，哪怕对方只是一个陌生人。在电影《2046》里，梁朝伟将自己内心的秘密对着一个树洞倾诉，不难发现，每个人都有一种倾诉的欲望。有时候，心中的烦闷可能是关于隐私之类的话题，那怎么办呢？事实上，我们应该明白，在任何时候，知己好友都是我们心灵的伴侣，在朋友面前，又有什么可丢脸的呢？当然，向朋友倾诉自己的烦恼，我们需要选择值得相信的朋友。朋友对于我们来说，无时无刻不在身边，当自己遇到了不顺心的事情，可以拨打电话给朋友，向他们道出内心的烦闷，甚至可以在他们面前发怒、哭诉，尽情宣泄心中的不良情绪。

李芳30岁就独自经营了一家大型企业，或许，在旁人看来，李芳已经获得了人生的成功。可是，又有谁能知道李芳心中的苦闷呢？李芳家是属于男主内女主外的模式，老公在家带孩子，自己在外为事业打拼。刚开始的时候，老公心中总满怀愧疚，常常告诉李芳：“老婆，你一个人太辛苦了，都怪我，没本事。”对此，老公对家里全身心地付出，包揽了家里所有的家务，不让李芳操心，这让李芳感到由衷的欣慰。可是，好景不长，时间久了之后，老公变得越来越懒，连家务都派遣给保姆，整日游手好闲。如果李芳说他一两句，老公就会反驳：“我一个大男人在家里多辛苦，出去放松放松又怎样？”这时，李芳就住口不语，两人关系越来越恶劣。

每次回到家里，李芳都感到身心疲惫，满腔怒火，却找不到地方发泄。每到晚上，老公还没回家，李芳就气得在家里砸东西，可是，发泄过后，老公回家了，李芳就像没事一样。这样，时间长了，李芳心中的闷气越积越多，作为公司董事长，她又不好在员工面前发脾气，只能憋在心里。偶尔，想到了朋友们，又不好意思开口，即使碰到朋友主动问道：“李芳，最近有什么烦心事吗？怎么看你脸色不太好？”李芳也总是推托两句：“没事啊，一切都挺好的，可能是工作太累了吧。”可是，没过多久，朋友就闻讯了李芳自杀未遂的消息，听闻此消息，大家都大吃一惊，怎么会这样呢？

的确，向朋友倾诉内心的烦恼是排除不良情绪的有效办法。当自己有不良情绪出现时，有可能会越想越愤怒，越想越伤心，这时，若是约个朋友，将自己心中的郁闷之气尽情地倾诉一番，从朋友那里寻求支持和解答，就可以获得一种心理上的平衡。俗话说：“当局者迷，旁观者清。”或许，那些自己不能解决的问题，在朋友的劝解之下，自己便会茅塞顿开，这样，心中的闷气就会得到最大限度的宣泄。对每一个深陷烦恼的人来说，朋友的倾听和理解才是最好的安慰剂，向朋友倾诉，不仅使郁闷情绪得到消减，而且在倾诉的过程中还能增进友谊，分享快乐。

脾气点播

为了不让自己生闷气，学会倾诉吧，向自己的知己好友倾诉，他们会为你化解一些闷气和愁绪。

善待自己，不要让气闷在心底

所罗门说：“不轻易发怒，胜于勇士。”然而，在现实生活中，许多人在生气时闷声不响，不想发泄愤怒情绪，总是爱生闷气，虽然这样的人也是不轻易发怒，但是却不是真正的勇士。喜欢生闷气的人，他们常常把那些毫无理由的怨恨留在自己的心里，深陷其中而无法自拔。那么，这不等于是自我折磨吗？其实，生闷气并不是由于生活中遇到不幸事件、不如意的事情，更多时候是人的主观内在因素的弱点造成的。我们会发现，那些性格内向的人往往爱生闷气，当他们遇到不顺心的事情，不愿意去诉说、发泄，使那些不愉快的情绪郁积在心中，常常感觉到苦闷、焦虑。事实上，闷气的症结在于内心的不快没能得到及时的发泄，因此，学会善待自己，合理调整自己的情绪，千万不要让闷气在心口难开。

何谓闷气？它是由于心中郁闷，而憋在心里的气，是一种无奈、没办法的表现。古人曰：“百病之生于气也。”常言道“怒伤肝，忧伤肺”，那些郁积在心中的不愉快情绪使内脏活动紊乱、内分泌系统失常，胃口不佳、消化不良，而且，长时间的烦闷还会导致血压升高，甚至导致冠心病。另外，从心理学上说，生闷气是一种不愉快的情感体验，它是消极的，甚至会破坏正常的情绪反应。一个人若是情绪恶劣，其记忆力将会减退，思维能力也大受影响，同时，喜欢生闷气还会影响到一个人的正常人际交往。试想，一个人总是闷闷不乐，怎么会交到朋友呢？

王女士在一家外企公司工作，经过几年的打拼，她现在担任了公司的重要职务。可是，前不久公司部门来了一位年轻的同事小娜，小娜浑身洋溢着活力和干劲，并在很短的时间内就得到了公司上下的肯定。王女士逐渐感觉到小娜的到来对自己所造成的严重威胁，似乎老板总是有意无意地在王女士面前提到小娜的能力，这让王女士的心情一度低落，同时还憋着一肚子闷气。在这样的情绪状态下，王女士整天不能全身心工作，有时候，由于心里焦虑过度，还会在工作中犯些小错误。

或许是因为工作上的不顺心，连王女士的身体状况也出现了问题。在最近的一段时间里，王女士总感觉到自己的右侧乳房胀痛，前两天用手一摸还有肿块。在医院，医生为王女士做了相关检查，经过检查得知，原来自己是患了乳腺小叶增生。王女士感到十分苦闷，那些不顺心的事情总是找上门。无奈之下，王女士向主治医生倾诉了自己的烦恼，没想到，医生只是奉劝一句：“首先，你莫要生闷气，这样对你的疾病才会有帮助。”

王女士百思不得其解，这病怎么会跟生气有关呢？医生对此作了详细解释：“其实，引起这种疾病的原因很多，但主要是与内分泌失调或精神情绪有密切关系，其中，一个重要的因素是情绪不稳定、精神紧张、喜欢生闷气。当你的情绪总是处于怒、愁、忧等不良情绪状态时，就容易导致乳腺小叶增生。”王女士明白了，向医生询问：“可是，我该怎么办呢？”医生建议：“保持心情舒畅、乐观是最好的办法。你要学会自我调节、缓解心理压力，消除各种不良情绪，要学会宣泄，不要将闷气郁积在心里，可以向家人、朋友倾诉，以排解心理压力。”

有时候，我们根本没有想过身体的疾病会跟心中的闷气有关，事实上，郁积在心中的闷气常常会成为我们身体疾病的根源。喜欢生闷气的人时常会感到孤单，生活十分堕落，在他们的心里好像压了一块沉重的大石头，压得他们喘不过气来。越是生闷气，石头就变得越坚硬，无论如何都不能将它消除掉，它憋在心里，憋得人都快发疯了。现代社会竞争激烈，工作和生活压力都非常大，这不仅影响家庭关系、同事关系、朋友关系，如果自己不能妥善处理这样一些矛盾，那些心中的闷气就会影响正常的生活和工作。

张太太曾受过刺激，性格比较内向，不爱发脾气，什么事情都愿意忍耐。即使与家人发生了矛盾也一声不吭，总是一个人默默承受。但是，张太太如此坚强的意志不仅不能帮自己渡过难关，反而使自己身体上的疾病越来越多，刚开始是右腹出现不适，随后就出现了失眠、消化不良等一系列症状。

其实，许多人长期面对压力，却找不到“泄洪”的出口，只能自己生闷气，结果就闷出病来。对此，心理专家建议，如果性格内向的人出现了心理问题，需要及时找心理医生治疗心病，否则一些心身疾病就会找上门来。

憋在心里的气，就像一朵要盛开的花，在还是花苞时却被活生生地摘下。在生活中，有什么事情，总是把不愉快的事情藏在心里，越积越多，最后，只有等待原子弹爆发的那一天。有人说：“心中藏了太多事情的人，总是痛苦的。”我们通常所说的那些脾气太好的人，可能都是憋出病来的，可是，当有一天，自己快憋死了，会有人来可怜你吗？善待自己，调整情绪，将心中的闷气发泄出来，这样，我们才有可能回归正常的生活。

脾气点播

生闷气是一个很不好的习惯，生闷气就是自己和自己过不去。那些真正的勇者，他们在生气时懂得自我调节、自我解脱，遇到烦闷的事选择不想它或驱赶它。

别把自己变成闷气宣泄的陪葬品

华盛顿·欧文说：“气度狭小就被逆境驯服，宽宏大量则足以把逆境克服。”因此，我们在生气时不要否认以免压抑成闷气，要懂得接纳并调整自己的心情。在日常生活中，我们常常会说到“发脾气”和“生闷气”，这两者之间有什么区别呢？发脾气，是指用语言、动作等显性行为将那些对某人或某事不满的情绪发泄出来，这是生气时的外在表现；生闷气，是指将那些不愉快的情绪压在心里不外露，也就是赌气，其实，这就是生气时的内在表现。虽然我们从表面上看，无论是“发脾气”还是“生闷气”都是生气，但是，它们的表现方式却大有不同。由于表现方式的差异，将直接导致其后果的不同性，或许，有人认为发脾气会伤了彼此的和气，但是，如果我们发泄的前提是为了对方好，伤了和气又怎样呢？

有一位被大家公认“好脾气”的人这样说道：“其实，每次看到令我感觉不好的人和事，我内心都相当生气，但是，我极力克制自己，不断告诉自己‘要保持自己的形象，千万不要发脾气’，结果，每一次我都忍耐了下来，可是，时间长了，我发现，由于心中闷气的郁积，我的脾气越来越大，一点小事就可以让我的情绪变得无比激动，可又不好当面发作，常常是事情过去以后，我就气得砸东西。虽然，我是公认的‘好脾气’，但是，好像我已经陷入恶劣情绪的旋涡了。”也许，总有一天，这位“好脾气”先生会忍不住爆发，而到那时他自己也成了闷气宣泄的陪葬品了。

小萌刚刚大学毕业，尚不懂得如何讨上司欢心、如何恰当处理同事关系，但是，当她找到了第一份工作的时候，父亲这样告诉她：“丫头，公司不比家里，在家里，我和你妈妈都会让着你，你生气了可以砸东西、大哭、甚至大骂，但是，在公司是绝对不行的，凡事需要忍耐，这样你才能赢得上司和同事的喜欢。”小萌点点头，迈着欢快的步伐走进了公司大门。

可是，两个月不到，小萌的脚步就变得无比沉重了。似乎自己在公司真的做得很好，大到公司老总，小到清洁阿姨，都对小萌十分喜欢，因为小萌的脸上时刻挂满了笑容，从来不生气，从来不指责谁。同事都忍不住夸赞小萌："你的脾气真好，刚才这件事明明是主管自己疏忽了，他那样责骂你，你还是笑脸面对，换了是我，早就和主管对骂起来了。"小萌笑着点点头，心里在想：我的脾气也不好啊，当时，我就想拿着文件朝他脸上砸去了。可是，这毕竟是公司啊，不是在家里，这里不是自己撒野的地方。于是，这样每天都需要伪装笑脸、强忍怒火的日子，让小萌感觉到很累，每次回到家里，小萌都忍不住发泄一番，心中的苦闷不知道向谁诉说。终于，在难忍之下，小萌拖着疲惫的身子走进了心理咨询室。

其实，人生在世，谁都难免会遇到一些不顺心的事情，哪怕是一家人，也免不了有矛盾，所以，有人会生气、发发牢骚，这是很正常的。在生活中，看不惯某些人和事，偶尔闹点情绪，埋怨，指责，这都不足为奇。而最让人不能接受的一种状况是，不声不响将不满情绪憋在肚子里生闷气，而且，生闷气是一种极坏的生活习惯，不仅消耗自己的精力，而且会引发疾病，影响身心健康。在三国时期，周瑜一个人生闷气，结果白白断送了自己的性命，这说明喜欢生闷气的人能力不够强，不善于调节自己的情绪，在一定程度上缺少一些谋略。

当然，生气、发怒并不是一件坏事，毕竟人有七情六欲，总不能强制压抑，这样怒气就会变成闷气，反而容易爆发崩裂。如果能够释放心中的怒气，发泄不满情绪，解除烦闷，反而能使身心感到轻松愉快。在某些时候，该发脾气就发脾气，不需要刻意压抑自己的情感，因为不适当的压抑，就有可能形成生闷气的习惯，结果会适得其反。不过，生活中的我们应该少生气，如果真的到了怒不可遏的地步，那就干脆痛痛快快地发泄出来，这样有利于情感的释放，有益于身心健康。

现在，一些国外专家研究表明，发脾气比生闷气好。虽然，在大多数人看来，发脾气有损自己的修养和形象，似乎这是一件有伤大雅的事情。但是，科学家却对此公布了一项研究结果：当人感到气愤而想发脾气时，如果能够及时宣泄出来，会有利于自己的身体健康。其实，生闷气对我们的身体有极为严重的伤害：一方面，经常生闷气不利于心脏的健康；另一方面也会影响我们身体免疫系统的正常运行，从而引起大脑内的激素变化。对此，专家建议，与其闷在那里自己和自己生气，不如宣泄心中的不满情绪，懂得接纳生气的自己，努力调整自己的情绪，这样会更有效地减少外界环境对人所产生的不利影响。

脾气点播

大量事实证明，人与人之间的关系并不如想象中的和睦，如果有什么不开心的事情就一味地生闷气，对方就永远不知道你的真正情绪是什么，而且，生活中多一些吵闹也并不是一件坏事。

用幽默化开自己心中的郁结

蒙田说：“自责往往被人信以为真，自赞却不会被人相信。”每个人的心都像是一个敏感的天平，稍有变化，就会失去原来的平衡，而幽默地打趣，可以使心理保持平衡，同时，也助于表达自己心中的苦闷。如果真的到了气头上无法遏制的时候，可以采用“幽默发脾气法”，比如，父母帮子女操劳家务，而子女却吃完了饭就离开了，父母心中肯定不舒服，这时候，父母可以说上一句：“领导，我这个服务员今天病了，是不是可以请个病假呀？”这样，既委婉地将自己心中的不满传递了过去，让子女们意识到自己的不对之处，同时，语气诙谐幽默，更容易让他们接受。事实证明，幽默地打趣，能轻松化解开自己心中的郁结。

在日常生活中，每个人都会遇到一些使人十分难堪的局面，当自己遭遇窘境的时候，该如何冷静面对，又该如何调整自己的情绪呢？其实，幽默就是一剂平衡自我心理的灵丹妙药。有一位很胖的女孩，她最怕听到

“窈窕淑女，君子好逑”这句话，感觉这是对自己莫大的讽刺。后来，她逐渐调整了自己的心态，心想：胖有什么呢？她开始不计较人们的言论，也不再为那些言语而自卑，她总是幽默地说：“我胖是胖了点儿，但我很健康。”

在古代，有个文人名叫梁灏，他曾在少年时立下誓言，不考中状元誓不为人。可是，最终由于时运不济，屡试屡败，受尽了人们的讥笑。不过，梁灏本人并不在意，他总是幽默地说：“考一次就离状元近了一步。”在这样乐观而幽默的心理状态下，梁灏从后晋天福三年就开始考试，先后经历了后汉、后周，直到宋太宗雍熙二年才考中状元。对此，梁灏写下了这样一首诗：“天福三年来应试，雍熙二年始成名。饶他白发头中满，且喜青云足下生。观榜更无朋侪辈，到家唯有子孙迎。也知少年登科好，怎奈龙头属老成。”幽默伴随着梁灏走过了漫长的坎坷之路，终于走向了成功，实现了当年的誓言，不仅如此，幽默而乐观的性格让梁灏活过了古人难以逾越的九旬高龄。

智者认为：“愤怒或生气都是自己跟自己过不去。”其实，任何事情都不像自己想象的那么糟糕，没有必要一直在心里对此耿耿于怀，你生气或愤怒的对象不过是你自己罢了。如何来抑制内心的愤怒而保持平和的情绪？林则徐给了我们正确的答案，他习惯于在堂上挂着“制怒”的字匾，这样，在自己愤怒还没有发作的时候，看到这两个字就及时有效地控制住了自己的怒气。而对于每个人来说，能够抑制愤怒情绪的最佳法宝就是幽默。

在美国南北战争时期，有一次，一位军官急匆匆地迎面而来，没料到，在作战部大楼的走廊上却一头撞到了林肯的身上。当军官看清被撞的是总统先生的时候，立即赔不是，那位军官恭敬地说道：“一万个抱歉！”林肯诙谐地回答道：“一个就足够了。”接着，林肯补充道，“但愿全军的行动都能够如此迅速。”面对军官无意的过错，林肯没有生气，反而以幽默来化解军官的尴尬。

后来，在一次有关兵力问题的讨论中，有人问林肯：“南方军队在战场上有多少人？"林肯回答说："有120万。"由于这个数字远远超过了南方军队的实际兵力，那些参与讨论的人脸上满是惊愕与疑虑，对林肯这样冒失地说出一个惊人的数字，感到不解和愤怒。接着，林肯解释说："一点儿也不错，的确是120万，你们知道，我们的那些将军们每次作战失利之后，总是对我说寡不敌众，敌人的兵力至少是我们军队的3倍，虽然，我不愿意相信他们。这样一来，南方的兵力无疑是增加了3倍，现在我军在战场上有40万人，所以，南方军队是120万，这是毫无疑问的。"

似乎，一切争吵都是来自情绪，而一切的纷争都来源于情绪。生活在这个世界，每天我们都会面对不同的情绪，似乎情绪已经主宰了我们的一切。但是，当愤怒遇到了幽默感，那不满的情绪就会自然而然地消失。在一次舞会上，一位身材较矮的男子去邀请一位身材高挑的女孩跳舞，那位女孩直接拒绝："我从不与比我矮的男人跳舞。"男子听了没有生气，只是淡淡一笑，幽默地说："看来我真是武大郎开店，找错了帮手。"那女孩脸红了，浑身不自在起来，男子运用幽默打趣法走出了窘境，将尴尬还给了那个伤害自己的女孩。

著名漫画家韩羽是秃顶，对此，他写了这样一首诗自嘲："眉眼一无可取，嘴巴稀松平常，唯有脑门胆大，敢与日月争光。"有时候，幽默是对自己缺陷的夸张，能够表现出一个人坦诚的品格，从而得到别人的信赖和好感。另外，吃亏是福，调节一下自己失衡的心理；在一些并非原则的问题上，装装糊涂，为自己的心灵增加保护膜，可以适当幽默一下。幽默是宣泄积郁、制造心理快乐的一剂良方，一个人若是善于运用幽默的表达方式，就会使自己拥有平稳、健康的心理。

脾气点播

心理学家认为："一个人的身体状态是受其心理和精神状态所影响的，很多疾病都是由心理和精神方面引起的。"所以，保持心理平衡对我们的身体健康特别重要。

寻找让自己放松的方式

法国作家大仲马说：“人生是由一串无数的小烦恼组成的念珠。”在日常生活中，烦恼、怨恨、悲伤、忧愁或愤怒等不良情绪都是常见的情绪反应，而闷气是生气的内在表现。一个人生闷气的时候，实际等于整个人都陷入了不良情绪之中，容易产生孤独感和抑郁情绪，缺乏积极进取的精神。总而言之，生闷气让一个人变得郁郁寡欢，因此，我们需要寻找让自己放松的方式。例如，在日本，每年都要举办一次呐喊比赛，那些情绪不满者向远处的大山大叫，以发泄心中的怒气。或许，对于每一个人而言，他们都有着不同的轻松方式，但是，我们最终的目的是赶走郁积在心中的闷气。

培根说：“无论你怎样表示愤怒，都不要做出任何无法挽回的事来。”美国前总统林肯如果在外面和别人生气了，回到家里就会写一封痛骂对方的信，当家人第二天要为他寄出那封信的时候，林肯会极力阻止：“写信时，我已经出了气，何必把它寄出去惹是生非。”如何面对心中的种种不良情绪？当然是合理地宣泄，放松自己。一位年轻女孩来到心理咨询中心，说道：“前两个月我被公司解雇了，心里很恼火，不愿意见人，整天就待在家里，憋得心慌，内心也变得更加痛苦，有什么办法能够摆脱这样的处境呢？”心理医生这样建议：“你这样是不行的，时间长了就会变得郁郁寡欢，寻找一种让自己放松的方式吧。”

里根是一个性格温和的人，但是，有时候他也会发脾气。当他生气的时候，就会把铅笔或眼镜扔在地上，然后很快就能恢复情绪。有一次，里根对侍从人员说：“你看，我在很久以前就学会了这样一个秘诀：当你生气时，如果控制不住自己，不得不扔掉一些东西来出气，那么就要注意把它扔在你的面前，一定不要扔得太远了，这样捡起来就会省力很多，捡起了东西，心情自然也就放松了。”

其实，在很多时候，所谓的轻松方式就是发泄心中烦恼，无压力地宣泄不满情绪，将心胸放开，这样就会减少一些不必要的烦恼，同时，避免了这样的不良情绪感染到其他人。有一位商人在谈到自己放松的方式时，他说：“当我自知怒气快来的时候，连忙不动声色地想办法离开，跑到自己的健身房，如果我的拳师在那里，我就跟他对打；如果拳师不在，我就猛力地捶击皮囊，直到发泄完自己满腔怒火，整个人轻松下来为止。”愤怒是由于心理上失去了平衡，或者是自己的要求和欲望没能得到满足。因此，我们可以转移心境，寻找一种轻松的方式，这样，怒火自然就会被浇灭了。

《吕氏春秋》记载了这样一个故事：

齐文王患了忧虑病，没能找到正确的治疗方式，时间长了，病情越来越严重，甚至到了卧床不起的地步。这时，大臣建议请名医来诊断病情，于是，齐国派人到宋国去请来名医文挚给予医治。文挚查看了齐王的病情，判断出必须采取一定的方式来赶走病人心中的闷气，但是，这样可能会触动齐王而惹来杀身之祸。对此，齐国太子向文挚保证，无论如何都会保证他的安全。于是，与文挚约好了看病的时间，但是，文挚却连续三次失约，齐王虽病在床上，却对此十分恼怒。

后来，文挚终于应约而来，但是，他不脱鞋就上床，践踩齐王的衣服问病，气得齐王不搭理他。这时，文挚用粗话刺激齐王，齐王终于按捺不住，翻起身来就大骂，没想到，齐王的病却因此好了。

所谓“怒动其身形、冲破忧伤烦闷的不良情绪”，有人在愤怒时暴跳如雷，面红耳赤，实际上，这就是一种能量发泄。人们常说：“言为心声，言一出，心便安。”积极的能量发泄可以采取唱歌、怒吼等方式。另外，哭泣也是一种行之有效的方式，据调查，85%的妇女和73%的男人在他们哭过之后，心情就会好一些。同时，将心中的烦闷写出来，这也是一种放松的方式。一般情况下，写诗、写日记都能够有效地发泄郁积在心中的闷气，使情绪恢复到平静。而且，从心理学上说，适当发泄长期以来积压的闷气，可以减轻或消除心理疲劳，比起将闷气郁积在心中，将怒气发泄出来会更好，这样可以使我们变得轻松愉快。闷气就像夏天的暴风雨一样，需要我们适当发泄，这样才能净化周围的空气，缓解心中的紧张情绪。闷气，只会让我们变得越来越抑郁，想要自己获得全身心的放松，我们必须寻找一些放松的方式，发泄心中不满的情绪，驱赶心中的闷气，将自己解脱出来。

脾气点播

威廉菲烈博士说："哭可以将情绪上的压力减轻40%，哭是健康的行为，值得鼓励。"

将"闷气"用委婉的方式表达出来

闷气积压在心中久了，就像等待迸发的岩浆，从里到外，都是滚烫的，很容易伤害到他人。在生活中，若不及时消除心中的闷气，将会对自己或他人造成巨大的伤害。或许，我们常常看不惯某个人的习惯，讨厌某个人的说话以及行为方式，而且，出于颜面或自尊没有办法向对方说明，但是，我们却不能制止心中那股"闷气"的不断滋长，直至最终崩溃。事实上，每个人都欢迎不同的意见，相比较而言，他们更不喜欢不声不响就生自己气的人。

传统的中国人似乎更倾向于生闷气，他们更容易被消极情绪所影响，愤怒的情绪就像洪水一样，堵不如疏。心中有了闷气，我们就要想办法疏通，学会自我调节，生气时寻找合适的渠道，适当地表达自己的真实感受。否则，生闷气只会影响彼此之间的感情。有时候，两个人之间生闷气，刚开始时可能大多是不满情绪，但是，由于郁积在心中的矛盾一直没能得到解决，相互之间的关系越来越恶劣，结果使矛盾更加严重。"小气"逐渐滋长为"大气"，甚至会引发一系列悲剧。

这年，王先生举家搬到了繁华的深圳市区，原以为以后的日子会越过越好，但是，没想到由于孩子的教育问题自己时常与老婆发生矛盾，两人关系日益恶化。王先生性格比较内向，不善言辞，每次吵架都说不过能说会道的老婆，因此，每次吵架之后，他就一个人到卫生间抽烟生闷气。

那天，王先生在家里等着儿子回家，等了很久还是不见回来，生气的王先生开始不由自主地埋怨老婆：“看天这么晚了，孩子还没回家，都是你惯出来的。”老婆也不退让，两人又吵了起来，不一会儿，从网吧回到家的儿子看见爸妈正吵得不可开交，索性躲进屋里玩电脑。吵了半天，两人都疲倦了，老婆不再搭理王先生，回卧室躺在床上睡觉，王先生的气还没有消，他把自己关进厕所里闷头抽烟。他一边抽烟，一边思索，越想越生气，心中的怒气像快要喷出的岩浆，阻拦不住。

过了几个小时，王先生突然从厕所里出来，气愤地大吼：“这日子没法过了，还不如离婚呢。”说完，王先生就摔门而去。

王先生对老婆有相当深的“闷气”，但是，他并没有委婉地表达出自己的意见，反而是短兵相接，导致两人的矛盾越来越严重，直至最后点燃了自己心中长久以来的“闷气”终于爆发了。其实，对他人生闷气不仅不能解决问题，反而会招致更严重的后果，特别是对于夫妻来说，更是如此。夫妻两人如果有什么矛盾，可以敞开心胸，吐露自己的真实想法，如果对方有某些行为让自己生气，我们也可以委婉地向对方表明，这样一来，矛盾弱化了，心中的闷气自然也就消失了。

老伯的老伴前不久去世了，他常常一个人闷闷地坐在那里，眉头紧蹙着，似乎总是在生气。如果有人跟他打招呼，他会回一个微笑，接着，老伯就会打开话匣子，开始说起自己的儿子、女儿、媳妇的种种不是。那些抱怨的话是别人不能打断的，只能静静地听，大家都感觉到，这是一个多么难相处的老人家啊！

有一次，老伯正在进行冗长的抱怨，旁人问道：“你有没有跟儿女讲过你的这些不满呢？”老伯愣了一下，大声说道：“这还要跟他们讲吗？他们是做子女的，自己当然要知道父母的不满啊！只有那些不孝顺的，才需要我讲。”旁人呆住了，老伯接着说，“他们要是没顺我的意思，我就不跟他们讲话，叫我爸爸，我也不搭理，这样一来，他们就会怕我，就不会不孝顺我。如果不怕我，就不会孝顺我，就会放我一个人自己住，那时，我就可怜了。”说着，老伯似乎露出来一丝微笑：“现在，我已经三天都不理他们了，媳妇叫我，比平常更多遍了。”

这的确是一个喜欢生“闷气”的老伯，在他那固执而又蛮横的逻辑里，似乎总是自己在跟自己生气。或许，老伯没有赢得预期的待遇，就学会用自己的情绪去勒索他人了，事实上，这是一种极为不恰当的做法，生闷气只会把自己推向孤立无援的境地。如果这位老伯能够委婉地说出自己的情绪和想法，对儿子、媳妇与女儿表达关心，那么，一家人是可以和睦而温馨地相处的。试着放下自己对他人的“闷气”，如果自己心中真的有什么想法，那就委婉地告诉对方，将自己的情绪反应如实地告知对方，这样对方才清楚地知道你到底为什么而生气。而且，这样既可以解决与他人之间的问题，还可以消解自己心中的闷气，化闷气于无形，使自己的情绪回归于平静。

脾气点播

如果你对某个人生了“闷气”，不要放在心里，试着用委婉的方式表达出来，化“闷气”于无形，更好地解决问题。

第6章

减少自己生气的次数——别跟自己过不去

世界上没有十全十美的事，也没有不会犯错的人，我们没有必要因为一些小事就生气或者发脾气，宽容地对待他人，也是对自己的宽容，有效地减少自己生气的次数，实际上体现的是一种心灵修养。很多时候，我们不要对自己生气，要学会拔出心底伤害自己的杂草，抑制怒火，有效控制消极情绪，争做情绪的主人。

犯个错没什么了不起，学会宽容自己

俗话说："金无足赤，人无完人。"在这个世界上没有完美的东西，任何事物都有它的长处和短处。一个人总有失误的时候，谁也不敢保证自己就是永远的成功者；一个人总是有这样或那样的缺陷，谁也不能保证自己是最完美的。对此，一个人总有犯错的时候，许多人忍受不了自己的错误，习惯于用放大镜来看待自己的错误，从而陷入深深的自责中不可自拔，甚至不能原谅自己。事实上，每个人都会犯错，犯个错误没什么了不起，不要用放大镜来看待自己的错误，自己生自己的气。既然，错误已经存在了，我们所需要做的是如何来弥补错误，完善自己，以免再犯类似的错误。一些爱生气的人往往是完美主义者，他们不能够容忍自己的错误，从而导致内心的烦恼、不满情绪滋生不断。其实上，这根本是没有必要的，不要为自己标榜上"成功者"的印记，我们首先要承认自己不过是一个普通人，既然避免不了错误，就要尝试着接受那个犯错的自己。

如果我们能从自己做起，宽容地对待自己，原谅自己无意犯下的错误，相信一定会收到意想不到的结果。一个人需要宽容，因为宽容是一种美德，而且，首先我们要宽容的就是自己，这样我们才有更宽广的胸怀去宽容别人。如果连自己都宽容不了，我们又怎么能原谅别人的错误呢？有人说，能够宽容自己的人更容易融洽人际关系。有位是美国著名的成功学家，他曾这样写道："通过对全球120名成功人士的调查发现，他们都有一个共同的特点，就是能够建立融洽的人际关系，而正是因为他们有一颗宽容的心，所以，人际关系才会那么好。"而且，那些取得瞩目成就的人，他们的成功之路并不会一帆风顺，总是波折不断，或许，他们曾经也犯了不少错误，但是，他们懂得原谅自己，以更加完美的姿态去迎接挑战，最后，他们才赢得了成功。试想，如果他们总是纠结自己曾经的错误，那么，他们可能会在郁闷中度过余生。

有一天，一个身材高大魁梧的人走在库法市场上，他的脸被晒得黝黑，而且遗留着战场上的痕迹。市场里坐着一个无聊的商人，他看到那个高大的人走过来，便想逗逗他，以显示自己的搞笑本领。于是，商人将垃圾扔向那个过路人，但是，那个高大的过路人并没有因此而生气，继续迈着稳健的步伐朝前走去。

当那个人走远了以后，旁边的人对那无聊的商人问道："你知道刚才你侮辱的人是谁吗？"商人笑着回答："每天有成千上万的人从这里经过，我哪有心思去认识他呀？难道你认识这人？"旁边的人立即惊呼："你连这人都不认识！刚才走过去的就是著名的军队首领——马力克·艾施图尔·纳哈尔。"商人涨红了脸，似乎不太相信："是真的吗？他是马力克·艾施图尔·纳哈尔！就是那个不但敌人听到他的声音会四肢发抖，而且连狮子见到他都会胆战心惊的马力克吗？"旁边的人再次肯定地回答："对，正是他。"商人惊恐地说："哎呀！我真该死，我竟做了这样的傻事，他肯定会下令严厉地惩罚我。"

想到关于马力克·艾施图尔·纳哈尔的传言，商人吓得心惊胆战，深深自责自己刚才的错误。他马上关了店门，整个人蜷缩在被子里，等着马力克的惩罚，可是，一天过去了，马力克没有来，一周过去了，马力克还是没有来。虽然马力克并没有出现，但是，商人内心的恐惧却越来越重，他不能原谅自己的过错。邻居们都来劝慰："马力克将军是多么有修养的人，怎么会跟你计较呢？"商人还是摇摇头，整个人看上去既憔悴又疲惫。

商人已经陷入了自责的心绪中，即使马力克表示已经原谅了他，但是他自己仍然走不出那个心结，他难逃自责的痛苦。心理学家表示：那些无法原谅自己错误的人，其实是对自己有着严格苛求的人。而商人之所以无法原谅自己，是源于内心的害怕，他不断自责之前所犯下的错误，是因为害怕受到相应的严厉惩罚。还有的人，他们没有办法原谅自己的过错，或者深陷自责当中不能自拔，主要原因是对自己要求太严格，或者说，之前给大家形成的印象太美好，一旦错误对印象造成了破坏，他就认为再也没有办法弥补，所以，开始不断地自责，甚至有的人会为自己人生的某一次错误而忏悔一生。

约翰尼·卡特是著名的灵魂歌手，谁承想他过去也犯过一次错误呢。在约翰尼·卡特的事业蒸蒸日上的时候，他却感觉到自己的身体已经被拖垮了。为了保证演出，每天，他需要借助安眠药才能入睡，还需要服用“兴奋剂”来维持第二天的精神状态。后来，约翰尼·卡特的坏习惯越来越严重，一位行政司法长官对他说：“约翰尼·卡特，今天我要把你的钱和麻醉药还给你，因为你比别人更明白你能充分自由地选择自己想干的事，这就是你的钱和麻醉药，你现在就把这些药片扔掉吧，否则，你就去麻醉自己，毁灭自己，你自己作出选择吧！”那一瞬间，约翰尼·卡特醒悟了，然而，自己的过错能赢得歌迷的原谅吗？约翰尼·卡特并不知道，但是，他明白，只有自己才能原谅自己，于是，他开始戒毒，经过了长时间的坚持，他成功了，重新回到久违的舞台。在那里，他赢得了所有歌迷的原谅，不过，每每说到过去的记忆，约翰尼·卡特总不忘说一句：“我并没有放大我的错误，我只是用自己的行动告诉别人，我可以改正错误。”的确，我们应该永远记住这样一句话：犯错并不是一件特别严重的事情，千万不要拿着放大镜看自己的错误，原谅自己吧！

脾气点播

学会原谅自己，不要纠结在自责中，平复内心的情绪，懂得知错就改，这样，我们才能成为尽善尽美的人。

警惕那些小事，别让它们成为导火索

俗话说：“百气自生。”气是什么？它是一种情绪反映，一个人内心的“怨气”往往是自生的，并不需要我们自己决定是否该生气。有位朋友常常不解地诉说自己的困惑："昨天晚上又和他生气了，本来只是一件小事，但是后来却演变成大的灾难，直到睡觉前，我眼中还有泪，可是，今天早上一起床，我就感到很迷惑，怎么昨晚后来就吵起来了呢？我根本没有想过要生气啊，怎么就生气了呢？"在很多时候，愤怒情绪的发泄，已经让我们忘记了生气的真正导火索是什么，好像我们在生气时根本没有想过这个问题。直到生气完毕之后，我们才意识到，当初是为什么生气呢？所以，在任何时候，我们需要理解"百气自生"，学会清理自己生气的导火索，这样才会帮助我们抑制内心的怒火。

其实，在大多数情况下，当我们无意中说："当时生气真的是因为一件小事，我也想不起来为什么生气。"事实上，那所谓的"一件小事"不过是导火索，在这之前，我们心中可能郁积了一些气，在这样的情况下，一旦遭遇了导火索，怒气便一下子发泄出来了。一位常常生气的人开始回忆自己生气的过程："早上，他就上班去了，我一个人在家，时而想想过去他的事情，想想横亘在我们之间那些悬而未决的事情，越想越生气，忍不住就发一条挑衅的短信给他，他通常都是不回，保持沉默。可是，他越是沉默，我就越是生气，我那时候就开始想象晚上和他争论的场景。只要他一回来，我的每一句话、每一个动作就包含着浓重的火药味。对此，他常常告诉我，是我自己整天胡思乱想，自己生气，后来，我仔细回想了，的确，似乎那些'怨气'就是自然而然从我心中滋生的，等到我发觉的时候，我本身已经在生气了。"想必这样一个生气的过程会给我们自己的情况带来一些启示吧，每个人生气的具体情况不一样，但是，他们那种"气由心生"的过程却惊人地相似。

心理学家有这样一个秘诀，当一件对自己具有副作用的事情来临，你可以思考一些问题，以此帮助找到生气的导火索，消灭心中的怒火。也就是说，在你生气之前，需要先问自己下面12个问题：

1.我有改变的余地吗？

2.我改变它的消耗与能够换来的成比例吗？

3.我放弃和容忍的损失具体是什么？

4.如果损失的可以折算成金钱的利益，我会那么需要和依赖这些钱财吗？

5.如果损失的是增加得分的名声，我会那么需要和依赖这些名声吗？这些增加的名声最终解决了我的什么？

6.如果损失的是减少得分的名声，有多少人关注这件事，自己不计较是否天下本就没人在意？

7.即使事关气节，若干年后公论不能回来吗？

8.更多的时候，我们的情绪是否来自最亲近的人和最琐碎的事？

9.除了跟最能接受自己的人发泄，我们还有什么能耐？

10.除了这些最不值得关注的琐事，难道我们没有更有意义的事情去关注、思考和努力吗？

11.长城还在，秦始皇在哪里？

12.苏格拉底死了，他大概在笑话我们活着的莫名其妙忧郁的人吧？

一个胸中怀有宏大志向的人，是不应该过于被琐事纠缠的，在这个世界上，本来就没有多少事情值得我们去计较。在现实生活中，绝大多数的事情都是“不过如此”，有什么值得生气的呢？从一个人的内心来讲，他是不太愿意忧郁、烦恼、生气，更不愿意愤怒的，当然，谁都不愿意生气。到底是什么事情在困扰着我们呢？如果我们内心真正地想清楚了，想放下心中的怨气，其实这并不困难，生气是没有必要的。当你明白了自己生气的导火索，你会发现，那真的不是什么大事，是可以解决的，生气只不过是一种发泄，并不会帮助我们解决问题，我们所需要做的是将生气的时间和精力，更好地运用到如何解决问题这件事情上。

为了更有效地找到自己生气的导火线，同时帮助自己消灭心中的怒火，对此，心理学家提出了“情绪温度计”的说法。在日常生活中，我们需要养成平时记录自己情绪的习惯，每天，我们需要分几个时段来记录，而且，我们需要写下生气的理由，这样可以帮助自己察觉并检测到自己的情绪。如果说“生气”是自己生活中的常客，我们可以找出自己的“情绪温度计”，与心中的怒气来一场“心灵对话”，从而彻底地消灭怒气。

如何使用“情绪温度计”呢？首先，我们把“情绪温度计”的刻度设定在0~10分，把每天分成7个时段，比如，早上起床太晚，路上又遇到塞车，还没有进入办公室就和某同事吵架，那么，这一天，你只能给自己打2分；在了解了自己一天中情绪的起伏变化后，开始通过情绪记录去寻找原因，写上一段话总结，为什么今天打了7分？原来，今天收到了朋友的鲜花，心情感觉非常愉悦，以至于同事嘲讽了一句，自己也不生气。这样，情绪记录的时间长了，自然就培养出了细微的观察力，就算是心中很细微的情绪，我们也会察觉到的。这样一来，我们就能顺利找到生气的导火索，从而破解心中的怒火。

脾气点播

如果你现在开始探秘自己生气的导火索，你会惊讶地发现，那些所谓的怒火，其实纯粹是“自燃”。

学会欣赏自己，不要自己找气生

生气的理由有很多，其中有一个理由却是异常特别的，许多人之所以生气是因为自己有某些缺点。这样的理由听起来似乎有点令人啼笑皆非，为自己的缺点而生气？如果一个人太自卑，看自己哪里都是缺点，那么，他内心的气恐怕是发泄不完且源源不断的，或许，每天的生活除了生气还是生气。对于一个人来说，最担心的事情就是自己不够了解自己，更为关键的是，不懂得欣赏和肯定自己，因为有时候那些莫名其妙的怒火其实是源于内心的自卑。他们习惯对自己挑剔，总是觉得这里不满意，那里也不如意，如身高不够高，身材不够性感，脸蛋不够漂亮，家庭条件不够好，等等，这一切都可以成为他们生气的理由。对此，心理专家建议我们：不要对自己生气，学会肯定并欣赏自己，千万不要自己找气生。

有一个女孩长得很美，不过，她总是表现得满脸怨气。有人跟她聊天，她也显得心不在焉，和她聊天的人都很尴尬。有一天，一位老师告诉她：“孩子，你难道不知道你是一个非常漂亮、非常好的姑娘吗？”“您说什么？”姑娘有些不相信地看着对方，美丽的大眼睛里有泪，更多的是惊喜。原来，在生活中，她每天所面对的都是同学的嘲笑、母亲的责骂，在这样的过程中，她已经失去了自信，而自卑则成了她产生怨气的根源。事实上，每个人都不是完美的，我们首先就应该接受并欣赏自己。即使在某一方面做不到绝对的完美，那又有什么关系呢？根本没必要把它当作一个生气的理由，否则，除了生气，我们就没有别的时间和精力来做其他的事情。

林黛玉刚刚进荣国府的时候，对她就有一句评语：“心较比干多一窍。”后来，林黛玉看到史湘云挂了金麒麟，宝玉最近也得到了一个金麒麟，林黛玉便开始生气：“便恐同宝玉就此生隙，更怕宝玉同史湘云也做出那些风流佳事来。”于是，林黛玉便去偷听，结果却听到了宝玉厌烦史湘云的话，宝玉说：“林妹妹不说这样的混账话，若说这话，我也和他生分了。”黛玉听到这样的话，心中想：“不觉又惊又喜，又悲又叹。所喜者，果然眼力不错，素日认他是个知己。所惊者，他在人前一片私心称扬于我，其亲热厚密，竟不避嫌疑。所叹者，你既为我之知己，自然我亦可为你之知己，既你我为知己，则何必有金玉之论哉；既有金玉之说，亦该你我有之，则又何必来一宝钗哉！所悲者，父母早逝，虽有刻骨铭心之言，无人为我主张。况近日每觉神思恍惚，病已渐成，医者更云气弱血亏，恐致劳怯之症，你我虽为知己，但恐自不能久持；你纵为我知己，奈我薄命何！”

有一次看戏，大家都看出那个演小旦的有点像林黛玉，只是都不肯说，史湘云却是快人快语，一下子就说了出来，林黛玉感觉自己受辱了，马上就生气了。怕黛玉生气，宝玉使眼色给史湘云，本来宝玉是一片好意，黛玉却是更加生气。

后来，黛玉说起宝琴来，想到自己没有姊妹，不免心生怨气，又哭了，宝玉忙劝道："你又自寻烦恼了，你瞧瞧，今年比去年越发瘦了，你还不保养，每天好好的，你必是自寻烦恼，哭一会儿，才算完了这一天的事。"黛玉拭泪道："近来我只觉得心酸，眼泪却好像比旧年少了些的，心里只管酸痛，眼泪却不多。"宝玉说道："这是你平时哭惯了心里疑的，岂有眼泪会少的！"

林黛玉自己也明白，自己的病是因性情所起，但是，她却没有为之做出改变，真是令人叹息。虽然，林黛玉各方面条件都不差，但是，父母都已经不在人世，自己又寄人篱下，心中未免有点自卑，这成为其怨气的根源。在林黛玉身上所体现出的特点是：既才华出众，却又多疑多惧。很多时候，她不懂得欣赏自己，自然就没有办法快乐起来，怨气越来越重，最终成为一种病。

索菲亚·罗兰刚刚进入演艺圈，制片商给予了善意的"建议"："如果你真的想干这一行，就得把鼻子和臀部'动一动'。"但是，肯定并欣赏自己的索菲亚却拒绝了这样的建议，她说："我懂得我的外形和那些已经成名的女演员不一样，她们都相貌出众，五官端正，而我却不是这样，我的脸毛病很多，但这些毛病加在一起反而会更加有魅力，说实在的，我的脸确实与众不同，但是，我为什么要和别人一样呢？"索菲亚的自我欣赏与肯定并没有令大家失望，后来，她被誉为世界上最具自然美的人。无论自己有着多么独特的缺点，都不要嫌弃它，我们需要以一种欣赏的眼光来看待，因为这个世界不需要大众化的美，而需要独特的美丽，在这一点上，每一个人都应该相信自己拥有一份与众不同的美丽，请学会欣赏与肯定自己吧。不要总是在自己身上找气。

脾气点播

事实上，每个人都不是完美的，可能在我们的身上有一些可爱的缺陷，但是，无论是缺点还是优点，那都是我们自己，我们首先就应该接受并欣赏自己。

你最需要做的其实是讨好自己

有人抱怨："每天活得好累，好像一刻都没有轻松过。"现代社会，越来越多的人开始抱怨自己"活"得很累，不是工作累，吃饭累，睡觉累，而是"活得"太累。难道，每天的生活真的那么累吗？如果我们只是在做自己，怎么会感觉到累呢？心理学家认为，一个人若是遵从内心的感受，选择自己喜欢的生活方式，他是感觉不到累的。那么，我们所感觉到的累是怎么回事呢？大多数人都有这样的经历：上学的时候，父母总是指着隔壁的孩子说："瞧瞧人家，成绩多优秀，你得向他（她）看齐。"大学毕业了，父母长辈都说："还是当个老师，或者考考公务员，这才是铁饭碗，其他的都不是什么好工作。"工作的时候，上司总是告诉你这样不对，那样不对。我们生活的最初点，似乎都是在讨好所有的人，而不去认真想想如何讨好自己。

小资是一名歌手，以前，她也有过抱怨的时候，每次上节目，她都会抱怨："自己太辛苦，实在受不了压力太大的生活，有时候，为了讨好歌迷、媒体，我一年发行两张专辑，但是，自己又想把工作做得更好，这样的工作量简直令我崩溃。"以前的工作时间安排得很紧，如果白天上通告做宣传，晚上还要去录音棚完成下一张专辑的录制，这样的生活超出了小资可以承受的范围，每天她都感觉到很累，但是心中的怨气却无处诉说。最后，在内心快要崩溃的时候，她选择退出了歌坛。

在四年的休息时间里，小资做自己喜欢的事情，她说："以前大家都是看我怎么变化，现在我是用自己的脚步来看大家的改变。虽然，现在我年纪大了，似乎变得老了一些，但是，年龄并不是我能掩盖的东西，我也想永远年轻，但是，我懂得这就是时间给我的礼物。在我成长的过程中，我得到的最大一份礼物是不用费劲去证明，只需要做自己喜欢的，跟着自己的步伐，在以后的时间里，如果我能完全坚持自己的选择，那就是最好的生活。”或许，年龄对于小资来说，似乎变得大了一些，但是，正是这样一个年龄，是一个不需要讨好任何人的时候。最近，小资复出了，在工作上，她已经与唱片公司达成了一致意见，不需要拿任何事情炒作新闻，同时，不需要为了赢得名气而故意报唱片的数字，自己可以自由自在地唱歌，这是小资最喜欢的一种状态。

她这样告诉所有的媒体：“我不需要讨好所有的人，我只需要做自己喜欢的事情。”然而，就是这样一句话，令所有的媒体工作者既羡慕又嫉妒，因为，对于媒体工作者来说，他们的工作经常是在讨好别人，从而将自己的委屈和自尊放下。每天，都有许多人为了人际交往，为了生存而讨好他人，他们在这样的过程中感到很累，甚至感到心力透支。到底是为了什么，我们需要对身边的人尽力讨好呢？

王娜是同事公认的“好人缘”，或者说，她是一个从来不唱反调的人，在任何时候，她的观点都与大家一样。在办公室里，一个东西，只要是同事都说“这个东西真的很好”，她就会随声附和“真的很好啊”；一件衣服，同事都说漂亮，她也会表示同意“颜色十分均匀，款式也很新颖”；一份策划案，大家都说不错，她也会承认“设计比较独特，很不错”。于是，只要王娜在办公室，大家都喜欢问她的意见，虽然从来都知道她不会说一句反驳的话，但是大家似乎成了一种习惯，凡事都希望王娜能够说两句好听的话。这可给王娜带来了许多烦恼。每天，为了应付那些同事，王娜总说“好啊，这个好”“不错，不错”，即使心里觉得这个东西真的不怎么样，但是，为了赢得一份好人缘，以免得罪同事，王娜还是满脸笑容地说：“我觉得很不错。”

可是，每天回到了家里，王娜就开始抱怨连连了：“真累！搞不懂那些同事是什么欣赏眼光啊，明明那个东西没有什么用，偏当宝贝似的；一件过了季的衣服还说漂亮；策划案完全是抄袭网上的一篇文章，大家都称赞得不行了，为了应付他们，每天真的好累！”同居的好友张莉笑着说：

“既然累，干吗不做回自己，说自己喜欢的话，做自己喜欢的事情，干吗搞得自己这么累，我就从来不说违心话，得罪了他又怎么样？我还是照样工作。”王娜叹息着：“唉……”

一个公认的“好人缘”却有一肚子苦水需要倒：“每天，我觉得我都不是自己在生活，而是为别人在活，为了讨好他们，我把自己喜欢的一切都放弃了，最后他们还是不满意。白天戴着微笑的面具，晚上回到家，没有人愿意分担我的烦恼。我感觉到内心有股气，它在不断地积累、膨胀，我害怕有一天自己会崩溃。”在日常交际中，与他人建立融洽的关系是极其重要的，但是，并不要以放弃自己喜欢的为代价，我们并不需要讨好所有的人，有时候，保持自己的个性，往往会令我们有意外的收获。

在日常生活中，我们都会羡慕那种所谓的“好人缘”，似乎每个人跟他都能聊到一块去，更关键是，他所说的每一句话，所做的每一件事，都是按照大家的心思而来的，他没有理由不会受到大家的喜欢。在公司，上司说这个方案不行，他一句话不说，马上改成了上司喜欢的方案；挑剔的同事说，你今天的打扮好像不太和谐，第二天，他就真的换了一套同事顺眼的服饰；在家里，爸妈说，你新交的男朋友没有固定的工作，她就真的决定与男友分手，重新找了一个能让父母觉得满意的男朋友。在这个过程中我们都会发现，自己不过是在讨好身边的人而已，我们逐渐失去了自己的生活。

脾气点播

我们要懂得这样一个道理：你不需要讨好所有的人，只有自己喜欢才是最重要的，因为，你所过的是属于你的人生。

胆怯地退却比失败更可怕

对于每一个成功者来说，他们从来没有因为胆怯而退却过。爱迪生曾经试用1200种不同的材料做白炽灯泡的灯丝，但是都失败了，有人批评他："你已经失败了1200次了。"可是，爱迪生一点也气馁，反而充满自信地说："我的成功就在于发现了1200种材料不适合做灯丝。"正是怀着这份自信，爱迪生最后获得了成功。许多时候，面对同样的机会，自信的人选择迎难而上，而不自信的人选择退却。在现实生活中，常常有人因为不自信而气馁，当机遇来临的时候，他们退却了，但是，当别人因为这次机遇获得成功的时候，他们心中却又感到十分气愤："早知道当初我就不要放弃了，真是倒霉，怎么好运气偏偏都被别人抢了？"可是，这时候生气有什么用呢？真正的强者，就是要敢于迎着困难，即使失败了，也没有任何怨言。

威尔逊在创业之初，他的全部家当就只有一台分期付款的爆米花机，价值50美元。第二次世界大战之后，威尔逊做生意赚了点钱，他决定从事地皮生意。当时，在美国从事地皮生意的人并不多，战后大多数人都比较穷，买地皮修房子、建商店的人很少，地皮的价格也很低。当威尔逊宣布自己的决定时，遭到了亲朋好友的反对，大家都对他说："你太自信了，到时候一定会输得很惨。"然而，威尔逊却固执己见，相反，他认为家人和朋友的目光太短浅了，他认为美国作为战胜国，其经济应该很快就能进入发展期，而那时买地皮的人增多，地皮的价格就会暴涨。

于是，威尔逊用自己的积蓄再加上贷款在市郊买下了很大的一片荒地，然而，这块土地地势低洼，不适宜耕种，简直无人问津。不过，威尔逊还是决定买下这块土地，他预测：美国经济很快就会繁荣，城市人口增多，市区会不断扩建，必然向郊区延伸，在不久之后，这块土地就会变成黄金地段。

一两年过去了，威尔逊的预言成真了，美国城市人口剧增，市区迅速发展，大马路一直修到了威尔逊那块土地上。这时，人们发现这块土地风景宜人，是一个夏天避暑的好地方。于是，这块土地的价格倍增，很多商人竞相出高价购买，但是，威尔逊却有着长远的打算。他在这块土地上盖起了一座"假日旅馆"，由于地理位置比较好，开业后生意非常兴隆，从这以后，威尔逊的生意越做越大，在世界各地都有威尔逊的“假日旅馆”。

当初，家人朋友对威尔逊的计划颇有不屑之意，甚至对他的未来予以犀利的评判：“你太自信了，到时候一定会输得很惨。”然而，威尔逊坚持了下来，在他看来，当自己有自信去做一件事情的时候，一定要坚持下去，即使失败了，内心也不会有所遗憾。事实证明，威尔逊的决定是正确的，凭着那股来自内心的自信，他开创了自己的事业。试想，如果当时的威尔逊是一个不自信的人，在遭到亲朋好友的反对之后，他选择了退却，那么，这个世界就会少了一位成功的商人。

莉莉是一名歌剧演员，她有一个梦想：大学毕业后，先去欧洲旅游一年，然后要在纽约百老汇占有一席之地。对此，心理老师找到莉莉说：“你今天去百老汇跟毕业后去有什么差别？”莉莉仔细一想，说：“是的，大学生的身份似乎并不能帮我争取到去百老汇工作的机会。”于是，莉莉决定一年后去百老汇闯荡，老师感到不解：“你现在去跟一年以后去有什么不同？”莉莉想了一会儿，犹豫地对老师说：“我决定下学期就出发。”老师紧紧追问：“你下学期去跟今天去，有什么不一样呢？”莉莉有点眩晕了，难道就这样子去百老汇吗？老师继续追问：“一个月以后去跟今天去有什么不同？”莉莉激动不已，说：“给我一个星期的时间准备一下，我就出发。”老师步步紧逼：“所有的生活用品在百老汇都能买到，你一个星期以后去和今天去有什么差别？”莉莉激动得语无伦次：“可是……”老师说：“我已经帮你预订了明天的机票。”莉莉看了看平凡的自己，突然一种不自信从心底涌出来，她对老师说：“呃，我还是先不去了，等我准备好了再去吧。”心理老师满脸失望：“以后，你会对这个决定感到十分后悔的。”

莉莉最终没能去百老汇，后来，她才知道，在同一天，老师找到了另一位同学安妮，对她进行了同样的劝告。安妮在最后一刹那，自信地说：“那我明天就去。”几年过去了，安妮成了百老汇小有名气的歌剧演员，而莉莉在一所普通的高中任职音乐老师，她对自己的生活充满了抱怨：“当初，在最后关头，我若不退却，现在肯定在百老汇的舞台作精彩演出，我的命运怎么这么惨呢？上天真是不公平啊。”

不自信是阻碍一个人成功的主要因素，而且，不知道从时候开始，不自信也成了一个人气馁的理由。大多数人就是因为不自信，所以，他们在最关键的时刻选择了退却。从表面上说，他们暂时避免了失败，但是，从长远来看，他们也永远避免了成功。对一个梦想成功的人来说，与其不自信地退却，事后满腹委屈与抱怨，不如作最后的拼搏，即使失败了，也无怨无悔，因为，不自信地退却远比失败更可怕。

脾气点播

要想克制内心的怨气，我们就应该做一个自信满满的人，即使失败了，也无怨无悔。

走出悲观的阴霾，做一个乐观积极的人

马克·吐温说：“世界上最奇怪的事情是，小小的烦恼，只要一开头，就会渐渐地变成比原来厉害无数倍的烦恼。”对于那些有着悲观心境的人来说，就恰似心中长了一颗毒瘤，哪怕是生活中一点小小的烦恼，对他来说，都是一种痛苦的煎熬。每天增加一点不愉快，毒瘤在消极情绪的养分下不停地生长，直到有一天，毒瘤化脓，开始散发出阵阵恶臭，而他已经被悲观所吞噬了。悲观是一种比较普遍的情绪，面对生活中诸多的不如意，每个人有可能都要悲观一下，然而，许多人尚未意识悲观的危害性。有的人甚至认为，悲观也没有大不了的，又不是抑郁症。可是，据心理学家观察，长时间的悲观心境，会让一个人感到失望，丧失心智。所以，远离悲观的心境，调整自己的情绪，走出悲观的阴霾，做一个乐观积极的人吧。

可能，谁也没有想到过，美国最著名的总统之一——林肯竟然曾是

一位抑郁症患者。林肯在患抑郁症期间，曾说过这样一段感人肺腑的话：“现在我成了世界上最可怜的人，如果我个人的感觉能平均分配到世界上每个家庭中，那么，这个世界将不再会有一张笑脸，我不知道自己能否好起来，我现在这样真是很无奈，对我来说，或者死去，或者好起来，别无他路。”幸运的是，最后，林肯战胜了抑郁症，并且成功地当选为美国的总统。

有两位年轻人到同一家公司求职，经理把第一位求职者叫到办公室，问道：“你觉得你原来的公司怎么样？”求职者脸色满是阴郁，漫不经心地回答说：“唉，那里糟透了，同事们尔虞我诈，钩心斗角，我们部门的经理十分蛮横，总是欺压我们，整个公司都显得死气沉沉，生活在那里，我感到十分压抑，所以，我想换个理想的地方。”经理微笑着说：“我们这里恐怕不是你理想的乐土。”于是，那位满面愁容的年轻人走了出去。

第二个求职者被问了同样的问题，他笑着回答：“我们那里挺好的，同事们待人很热情，互相帮助，经理也平易近人，关心下属，整个公司气氛十分融洽，我在那里生活得十分愉快。如果不是想发挥我的特长，我还真不想离开那里。”经理笑吟吟地说：“恭喜你，你被录取了。”

前者是悲观者，在他的生活中天空始终笼罩着乌云，因此，他看什么人和事都是阴郁的，一份多么美好的生活摆在他面前，他却认为“糟糕透了”；后者是典型的乐观者，阳光始终照射着他的生活，即使是再糟糕的生活在他看来也是十分美好的。悲观者看不到未来和希望，所以，他面临了求职的失败，或许，在人生的道路上，还有更多的失败在等着他，除非他能够换一种心境。

有两个人，一个叫乐观，一个叫悲观，两人一起洗手。刚开始的时候，他们端来了一盆清水，两个人都洗了手，但洗过之后水还是干净的，悲观说：“水还是这么干净，怎么手上的赃物都洗不掉啊？”乐观却说：“水还是这么干净，原来我手一点儿都不脏啊！”几天过去了，两个人又一起洗手，洗完了发现盘里的清水变脏了，悲观说：“水变得这么脏啊，我手怎么这么脏？”乐观却说：“水变得这么脏啊，瞧，我把手上的脏东西全部洗掉了！”同样的结果，不同的心态，那么就会有不同的感受。

拥有悲观心境的人，他们只是一味地抱怨，他们所看到的总是事情的灰暗面，哪怕是到了春天，他所能看到的依然是折断了的残枝，或者是墙角的垃圾；拥有乐观心境的人，他们懂得感恩，在他们的眼里到处都是春天。悲观的心境，只会让自己气郁沉沉；乐观的心态，会让自己感受到阳光般的快乐。

里根在小时候是一个乐观的孩子，有一次，爸爸妈妈送给里根一间堆满马粪的屋子，一会儿，他们来到里根的门口，发现里根正兴奋地用一把铲子挖着马粪，看到爸爸妈妈来了，里根高兴地叫道：“爸爸，这里有这么多马粪，附近一定会有一匹漂亮的小马，我要把这些马粪清理干净，一会儿小马就来了。”对于每一个人来说，悲观的心境就像是飘浮在天空中的乌云，它遮住了生活的阳光，长时间下去，会使人变得气郁沉沉。所以，想要快乐地生活，还是远离悲观，放弃心中的怨气，让阳光照进生活中吧。

脾气点播

悲观给我们生活所造成的影响是巨大的，一个有着悲观心境的人，无论是生活还是工作，都很难获得成功。因为悲观的心境就是成功路上最大的绊脚石。

你就是独一无二的那一个

科南特说：“垃圾是放错了位置的财宝，对哈佛大学来说，重要的不是出了七位总统和三十多位诺贝尔奖获得者，而是让进哈佛的每一颗金子都发光。”在这个世界上，每个人都是独一无二的，你可能就是那一颗等待被发现的金子。然而，在现实生活中，一些人总是处处与他人比较，觉得自己不如别人优秀，似乎这辈子自己真的一事无成了。事实上，对于每一个人来说，命运是公平的，每个人都有自己的价值，我们所需要做的就是欣赏自己，认清自己的价值。比较它所带给我们的只是失落、沮丧、烦恼、生气，更为关键的是，比较之后，我们会变得不自信，开始怀疑自己的能力，甚至会变得自暴自弃。所以，不要处处比较，为自己平添烦恼，要始终坚信，我们就是独一无二的“宝藏”。

约翰在中学的时候，由于平时学习不努力，成绩很差，每次考试都是倒数前几名。面对这样的约翰，老师说：“你已经无可救药了。”身边的同学也看不起他，约翰感到十分沮丧，他觉得自己这辈子也不会有什么出息了。

有一天，老师在班里兴奋地宣布，将有一位著名的学者到班上做实验。约翰心想，这和我有什么关系呢？不过，约翰从同学那里了解到，这位学者是研究人才心理学的，据说他有一台神奇的仪器，能预测出谁未来会获得成功。约翰有点生气，心想：这和我更没有关系，我成绩这么差，未来怎么可能获得成功，成功只属于那些成绩好的同学。想着，约翰干脆出门玩去了。

在同学们殷切的眼神中，著名学者终于来了，老师神秘地点了5个同学的名字，其中包括了约翰。约翰感到十分紧张：难道自己又要受批评了？来到办公室，那位著名的学者讲话了：“孩子们，我仔细研究你们的档案和家庭以及现在的学习情况，我认为你们5个人将来会成大器的，好好努力吧。”约翰感到一阵眩晕，以为自己听错了，可是，看着在场人的表情，约翰知道这是真的。原来自己与那些成绩优秀的人是一样的，约翰的成绩很快就上来了，再也没有人说他是无可救药了。

本来，由于约翰自己学习不努力，成绩已经很糟糕，而老师和同学都看不起自己，约翰感觉自己一无是处。或许，在平常的学习生活中，约翰常常与那些所谓的尖子生比较，结果越比较越泄气，内心的怨气让他开始“破罐子破摔”。所以，当老师宣布著名的学者将要到来的时候，约翰自然而然地将自己划分为“失败者”这一行列，而这样的结论正是长期比较的结果。没想到，著名学者的巧妙暗示却成了约翰走向成功之路的助推器，通过学者的话语，约翰明白了，原来自己是独一无二的人才。对此，约翰的内心受到了鼓励，不再泄气，不再抱怨，不再比较，他开始朝着成功的方向前进。

爱默生曾说："你，正如你所思。"每个人都梦想着成为最优秀的那一个，事实上，我们真的可以成为那样的人。没有谁能够保证你不能成功，既然没有办法否定这一事实，为什么不试一试呢？相反，如果在你的生活中，总是习惯与别人比较，不敢相信自己，逐渐忽略自己、迷失自己，或许，未来的你真的会一事无成，而且，有可能你的余生将在烦恼和抱怨中度过。

一位学者到了风烛残年的时候，感觉自己的日子已经不多了，他想考验和点化一下自己那位看起来很不错的助手。于是，他把助手叫到床前说："我需要一位最优秀的承传者，他不但要有相当的智慧，还必须有充分的信心和非凡的勇气……这样的人目前为止我还没有见到，你帮我寻找和发掘出一位，好吗？"助手坚定地回答说："好的，好的，我一定竭尽全力去寻找，不辜负您的栽培和信任。"

于是，这位助手就开始想尽一切办法来为老师寻找继承人，然而，每次他领来的人都被学者婉言谢绝了。有一次，已经病入膏肓的学者挣扎着坐起来，拍着助手的肩膀说："真是辛苦你了，不过，你找来的那些人，其实还不如你……"半年之后，眼看学者就要告别人世，但最优秀的人还是没有找到，助手十分惭愧，泪流满面地对老师说："我真对不起您，令您失望了！"学者叹息着说道："失望的是我，对不起的却是你自己……本来最优秀的人就是你自己，只是你不敢相信自己，总是与他人相比较，才把自己给忽略、耽误、丢失了……其实，每个人都是最优秀的，差别就在于如何认识自己、如何挖掘和重用自己……"话还没有说完，学者就永远离开了这个世界，而那位助手一辈子都活在了深深的自责之中，因为自己辜负了老师的愿望。

比较的根源是不自信，因为不自信，所以才想通过比较来找回自信，可是，大多数人在比较中不仅没能找回自信，反而变得自卑。甚至在比较的过程中，当他们意识自己远远不如别人的一刹那，他们的心中是充满怨气和愤怒的，最后，他们只能成为庸庸碌碌的人。智者与庸者的差别在于，智者从来不与他人比较，他们相信自己就是永远的独一无二；而庸者总是沉迷于比较游戏中，他们在比较中丢失自我，满腹怨气，最后，他们成为了平庸的人。

脾气点播

每一个人都是一座宝藏，在我们的内心有着无限的潜力和能力，不要去比较，而是通过不懈的努力来挖掘自己的宝藏，其实你就是独一无二的那一位。

第7章

善于忍耐不乱发脾气——吃亏就是占便宜

在生活中，遇到很多事情的时候，有些人选择突然地毫无保留地爆发，而有些人则选择忍让。对于前者来说，一时的痛快当然是有的，但是因为冲动造成的恶果也是需要漫长的岁月去承受的；对于后者而言，虽然忍让的当时心中不是那么痛快淋漓，但是他们却因为忍让而给自己争取了思考的时间，最终彻底解决了问题。

忍让是一种美德

早在几千年前，孔子就曾经说过：“小不忍则乱大谋。”孟子也曾说过：“天将降大任于斯人也，必先苦其心志，劳其筋骨，饿其体肤。”孔子和孟子都说了忍让在我们生活中的重要性。如果没有忍让，则冲动势必让我们的生活陷入阵阵混乱之中。

人和人之间存在着不同的利益，这也就导致人们在相处的过程中必然会有不同立场和诸多矛盾。在矛盾发生的时候，我们应该本着忍让的原则，尽量和平地解决问题，一时的冲动不管对于哪一方而言，都是百害而无一利的。在数千年的历史中，人们总结出了宝贵的经验，如“忍得一时之气，免得百日之忧”“忍一时风平浪静，退一步海阔天空”。很多时候，生活中的小矛盾根本无须上升到原则性的高度。只要双方忍一忍，让一让，很多事情就不会发生了。

要想学会忍让，我们首先要宽容大度。只要凡事都往长远看，不为眼前的蝇头小利斤斤计较，我们就能跳出思维的怪圈，懂得宽容别人。其次，不管什么时候都要保持理智，只有理智，才能避免我们做出冲动的行为，也才能防止事态进一步恶化。忍让是一种美德，具有这种美德的人才能拥有豁达的人生。

相传，清朝康熙年间，文华殿大学士兼礼部尚书张英老家的人和邻居吴家因为宅基地的问题产生了争执。其实，这两家大院的宅地都是祖传的，因为经历了很长时间，所以本来就是一笔算不清楚的糊涂账。然而，因为这两家的后代都是心中有着铁算盘的聪明人，因此，他们不断地争执，各不相让，最终闹到了官府。不想，官府谁也不想得罪，因而只跟着和稀泥。为了彻底地摆平此事，张家人飞书京城，让张英想办法“摆平”吴家。

看完家人的来信之后，张英不由得哑然失笑。他提笔写了一首诗作为给家人的回复，诗的内容如下：“千里家书只为墙，让他三尺又何妨。长城万里今犹在，不见当年秦始皇。”写完之后，张英命令来人马不停蹄地将此信送回老家。看到张英这么快就来信了，家人暗暗窃喜，他们想：这下一定能够彻底摆平吴家。不想，张英的来信只是一首意思明确无误的打油诗，他们看完之后大失所望。然而，一时之间，他们也想不到更好的解决办法，因而不得不按照张英所说的将垣墙拆让三尺。正当世人们交口称赞张英“宰相肚里能撑船”，并且称赞张英的家人也深明大义的时候，吴家人羞愧得无地自容，因而也主动把围墙向后退了三尺。

就这样，张家和吴家之间纠缠了几代的糊涂账就这样清明了，从此，俩家之间多了一条六尺宽的巷子，“六尺巷”由此得名。虽然这条巷子只有几十丈长，却给世人留下了深深的思考。

在生活中，尤其是在流行自家建房的农村，因为宅基地的一砖之地而大打出手的事屡见不鲜，甚至还有很多人因此闹出了人命。假如他们知道“六尺巷”的故事，了解“六尺巷”留给世人深深的思考，这样的悲剧也许就不会再发生了。不管家再怎么大，人们能住的只有一张床的地方。所以，很多的身外之物，我们根本没有必要去在乎和计较。

人生天地宽，只有心胸开阔了，境界提高了，我们才能真正做到心甘情愿地忍让。

脾气点播

海纳百川，有容乃大；壁立千仞，无欲则刚。忍让是一种美德，是一种高尚的境界，是一种无私的胸怀。能够做到真正忍让的人，必然有着更加开阔和崇高的人生。

小不忍，则乱大谋

孔子说：“巧言乱德，小不忍则乱大谋。”这句话的意思是说：花言巧语会败坏德行，小事不能忍耐，则就会败坏大事。关于“忍”，《孔子家语》中记载如下：君子在世，要想实现自己的目标，一定要能屈能伸。现代人则说，“忍”字头上一把刀。由此可见，要想真正地做到忍耐，其实是不容易的。忍耐，不仅要求我们要有博大的胸怀，高尚的品质，还要求我们能够有通达的智慧。然而，忍也是非常重要的处世哲学。人生在世，不可能处处称心如意，更不可能事事顺遂。在面对很多不如意的时候，在面对吃亏的时候，我们应该学会劝慰自己，能够以平和的心态看待人生的得失。倘若我们不能忍，那么有很多原本能够完满的事情就会走向反面，甚至让人遗憾终身。

有史以来，关于忍耐的例子数不胜数。例如，韩信能忍胯下之辱，越王勾践为了破吴，甘心在吴国为奴，并且卧薪尝胆数十年。作为普通人，假如我们有勾践的决心和毅力，像勾践一样能屈能伸，那么，我们也能够做出一番大业。

春秋末期，因为吴国夫差的进攻，越国被破，越王勾践被捉去吴国当了马夫，专门伺候马匹。对于一个曾经高高在上的君王而言，这样为人奴隶的生活无疑是无法忍受的。但是，为了为国家报仇雪恨，也为了有朝一日打败吴王，勾践忍耐了。他每天都老老实实地养马，还主动去为吴王夫差的父亲守墓，丝毫没有表现出抗拒的神态。正是因为勾践的伪装和隐忍，吴王渐渐放松了警惕，认为勾践是真心降服了，因此就把勾践放回了越国。

回到越国之后，勾践没有一天忘记自己的深仇大恨。虽然有舒适的床，但是勾践却坚持每天睡在柴草上。为了使自己牢记曾经受到的苦难和耻辱，每晚临睡前，勾践都用舌头舔舔苦胆，以提醒自己一定要发愤图强，报仇复国。不仅如此，勾践还亲自参加耕种，与全国的百姓同甘共苦。勾践经常提醒自己不要忘记在吴国所受的耻辱，不要忘记自己肩负的责任。

为了继续麻痹吴王，勾践还派人把美女西施送给了吴王，以使吴王沉迷于美女声色，而他自己则偷偷地奋发图强，为复国做准备。果然，吴王夫差整日只顾吃喝玩乐，根本无心理会国政，导致吴国日渐衰弱。而在此过程中，越国经过二十年的准备，则越来越强盛。眼见时机已经成熟，勾践在吴国毫无防备的情况下突然出兵，大败吴国。回想起亡国的历史，吴王夫差羞愧得无地自容，举剑自刎而亡。

如果勾践不能忍受在吴国为奴的耻辱，不能潜下心来老老实实地为吴王夫差当马夫，也许，他就无法活到为国复仇的那一天了。正是因为勾践能屈能伸，为了复仇而不动声色地自甘为奴，所以吴王夫差才会渐渐麻痹，最终放勾践回国。回国之后，勾践没有急着享受，而是抓紧时间不动声色地治理国家，与民同甘共苦，所以才能够在二十年的时间内使越国由一个弱小的国家变得强大，最终灭了吴国。这就是忍耐的巨大力量，没有忍耐，就没有勾践的复仇，更没有越国的强盛。

虽然我们无法与一代君王相比，然而，作为普通人，我们同样需要忍耐。生活中总是会有各种各样的不如意，我们只有保持理智，学会忍耐，才能够成就自己。

脾气点播

宋代理学家程颐曾经说过：“忍所不能忍，容所不能容，惟识量过人者能之。”

忍让，是人生的一种策略

生活中，常常有人以狼自喻，那是因为他们想让自己成为一匹狼，孤独而又充满着力量。狼是一种极富攻击性的动物，它从不轻易认输，总是努力地获取猎物。尽管大家以狼自喻，却无法改变自己不是狼的现实。无论人再怎么凶残，也抵不过狼的兽性。其实，人并非只有像狼那样充满攻击性才能获得成功，很多时候，以退为守，甚至是以退为进，也是一种获取成功的办法。因此，当我们无法像狼一样勇往直前的时候，不如采取忍让的策略。

不管是在生活中还是在工作中，我们无法依靠自己的力量成就所有的事情，因此，我们必须和别人打交道。既然与人相处，就难免会有矛盾，会有利益的冲突。可以说，生活处处需要忍让，生活中人人需要忍让。很多人是火暴脾气，得理不饶人，这种人往往不能忍。殊不知，即使你是有理的一方，倘若你得理不饶人，那么你也会变成没理的一方。生活中是有很多道理，然而，感情也同样是这个社会运转不可缺少的润滑剂。假如一个人不能忍让，那么就会在无形中伤害别人的心，同时，也会因此而毁了自己。要想整个社会多一些和谐，少一些刺耳的声音，我们就要学会忍让，这样才能和谐处世，从容为人。

方明大学毕业后很长时间都没有找到合适的工作，后来，凭借舅舅的关系，他进入一家外贸公司工作。方明所学的专业是国际贸易，因此进外贸公司工作对他而言是再合适不过的。然而，这家外贸公司里面大多数都是老员工，很少有像方明这样大学刚刚毕业没有什么工作经验的年轻人，因此，方明的到来使其他的老员工议论纷纷。对此，方明感到压力很大。然而，方明很清楚，有流言蜚语是正常的，自己只有凭借实力站稳脚跟才能真正制止这些谣传。因此，方明什么也没有说，只是努力地工作。

在做人方面，方明也很低调。因为不服气方明进入本单位，很多老员工说话的时候都会有意无意地挤对方明。一天，单位里每个人发了一箱苹果，因为苹果太小了，老员工李煜半开玩笑半认真地对方明说："你说说，以前给我们小苹果也就罢了，现在黄局长的外甥都来咱们单位了，怎么还能给咱们发这么小的苹果呢？！待遇怎么着也要提高一个档次吧，好让我们也跟着沾沾光。"放在以前，听了这话，方明一定会和对方理论理论的，然而，现在是非常时期，方明隐忍了。他什么都没有，只是笑了笑，就又去工作了。

功夫不负有心人，经过一年多的努力，方明的业务能力大大提高。凭借着舅舅的人脉资源，方明还为单位争取了好几个大订单。对于业绩始终排名第一的方明，同事们不再风言风语了，毕竟公司的效益好了，他们都是最直接的受益者。

很多时候，未必我们勇于出头就是好事。就像上述事例中的方明，假如他在单位的其他员工都闹意见的时候凭借着舅舅的势力在单位颐指气使，那么，他也许最终无法得到同事的认可，甚至工作的机会也不一定能够把握住。而方明审时度势，知道自己当前最要紧的是以实力说话，所以，面对同事们的流言蜚语，他选择了忍让。正是这份坚定的忍让的态度，使他为自己争取了宝贵的表现自己、证明自己的时间，从而最终得到了所有同事的认可和钦佩。

虽然每个人面对的情况不一样，但是处理问题的态度应该是有共通性的。在面对问题的时候，冲动永远是最坏的处理方式，只有理智、忍让才是上上策。

脾气点播

人在屋檐下，该低头时就低头。忍让不是一味的怯懦，而是以退为进、厚积薄发的坚忍。

聪明人会把握忍让分寸

我们都知道，为人处世，必须学会忍让。即使吃了亏，也应该以宽容大度的胸怀包容对方，而不要睚眦必究。虽然如此，忍让和懦弱却完全不是一码事。虽然我们提倡要学会忍让，但是并非生活中的每件事情都要忍让。每个人做人都有自己的限度，有自己的底限，假如没有原则地忍让，那么忍让就成了怯懦，成了纵容。这样的忍耐、忍让，非但是毫无意义的，反而成了姑息养奸的罪魁祸首。

那么，什么时候应该忍？什么时候不能忍呢？其实，忍与不忍并没有一个明确的界限或者是标准。每件事情都有自己的具体情况，作为置身事外的人，往往无法设身处地地为当事者着想，所以，作为当事者，应该根据事情的实际情况，根据自己为人处世的原则，来决定什么能忍，什么不能忍。当然，前提是我们应该培养自己豁达的心胸，千万不要睚眦必报。要认识到，人与人之间有矛盾、有利益冲突是正常的，没有矛盾才是不正常的。只要以正确的态度对待问题处理矛盾，我们就一定能够理智地应对生活中遇到的各种情形。

娶了彩霞，马飞的压力很大。因为彩霞的爸爸是部队的首长，马飞的爸爸则是面朝黄土背朝天的农民；彩霞的妈妈在部队医院里当军医，马飞的妈妈则一辈子围着农村家中的锅灶转圈，整日蓬头垢面。实际上，假如不是和彩霞的感情很深了，难以割舍，马飞真的不想走进这个高干家庭。虽然这个家里宽敞明亮，专门有门卫站岗，吃的是特供的蔬菜水果……但是马飞更怀念自己农村那个脏兮兮的布满黄土的家，只有在那里，他才觉得安心自在。再加上彩霞的父母根本不同意彩霞嫁给马飞，他们觉得门不当户不对，尤其是彩霞的妈妈，她对马飞总是看不顺眼，从来不给马飞好脸色。然而，为了心爱的彩霞，马飞把这一切都忍了。

一天，马飞的妈妈生病了，爸爸打来电报让马飞回家看看。马飞接到电报后就准备回家，这时，彩霞的妈妈冷冷地说："人穷命贱，不用着急，一时间死不了的！"听了彩霞妈妈的这句话，马飞再也按捺不住了。他怒瞪双眼，对着彩霞妈妈看了很久，直看得彩霞妈妈心里发毛。最后，马飞失去了往日恭顺的模样，恶言恶语地对彩霞妈妈说："人是生而平等的，虽然我的父母是农民，但是他们靠自己的双手劳动吃饭，还培养出了我这个大学生。我觉得，他们比您更高贵！"听了马飞的话，彩霞妈妈半天没有说出话来，虽然她很生气，但是却无言以对。

在上述事例中，不涉及原则性问题的时候，马飞对彩霞妈妈一直采取忍让的态度，毕竟她是自己爱人的妈妈。然而，当听到彩霞妈妈肆无忌惮地侮辱自己的父母时，马飞再也忍无可忍了。同样身为母亲，她凭什么瞧不起自己的妈妈呢？自己的父母一辈子在土地里辛苦地耕作，才供养出他这个大学生，没有享儿子一天的福，却因为儿子遭遇别人的侮辱。这是马飞无法让步的原则性问题。马飞的反驳是对的，人生在世，有的事有些人可以忍，有些事有些人则不能忍。不管何时何地，忍耐都是有限度的，不能变成姑息纵容。

毫无疑问，每个人都有脾气。但不同的是，有些人被脾气驱使，做出冲动的事情来追悔莫及；有些人则冷静内敛，思考之后才展开行动，从不给自己制造遗憾；有些人是没有原则的老好人，凡事都忍耐；有些人的忍耐是有原则的，知道什么能忍，什么不能忍。

脾气点播

不管是忍耐还是忍让，都要有限度。假如无原则地一味让步，忍就失去了意义，就变成了怯懦。

忍让，使你的人生豁然开朗

生活总是充满着各种各样的惊喜和惊吓以及诸般不如意和柳暗花明又一村的转折，在它们没有真正发生之前，我们往往很难判断自己所面对的境况到底属于哪种。这时，适时适度的忍让就显得很重要了。假如一遇到状况就爆发，那么，我们非但无法把握也许即将到来的机会，甚至还有可能失去原本拥有的很多东西。人们常说，冲动是魔鬼。这是有一定道理的。每个人都应该学会忍让，因为忍一时风平浪静，退一步海阔天空。

从古至今，忍得一时的屈辱而换来人生成就的人不在少数。例如，张良忍让得兵书从而成为一代良将，韩信忍得胯下之辱才能日后成才，勾践能屈能伸甘心为奴才有机会为国雪耻。其实，现代人也不例外。在生活和工作中，如果有了委屈，千万不要突然爆发，要知道，很多时候你的眼睛看到的未必是事实，你的耳朵听到的未必是真相。当务之急，就是要保持头脑的冷静，用一颗理智的心来面对问题，处理问题。这样，你的人生必然因为你的宽容隐忍而豁然开朗，使你远离误会与烦恼，迎来人生的春天。

张良是刘邦手下的良将，他之所以能够留名天下，与一本偶然得之的兵书是分不开的。

张良从小就忠厚守信，勤奋好学。在兵荒马乱之际，他逃到下邳避难。一年的秋天，张良因为读书太累了，所以去桥上散步，在桥上遇到了一个老头。张良刚刚过桥，老头就突兀地喊道："小孩别走，请你下去帮我把鞋拾上来。"张良看到老人年纪确实很大了，就一语不发地下桥帮老人把鞋子拾了上来。不想，张良刚刚走了几步，老人又喊道："小孩，你再帮我把鞋子穿上吧。"老人的态度一点儿都不礼貌，张良心中有些不悦。但是他转念一想，老人年纪都这么大了，帮他穿鞋也没什么。因此，他回转过来，恭顺地帮老人把鞋子穿上了。

张良走了老远，老头又在身后喊道："喂，小孩你赶紧回来。"张良心里直犯嘀咕：这个老头又有什么事？他忍住心中的不耐烦，回到老头面前问："老人家，你的鞋子是不是又掉了？"

"不是的，"老头说，"我看你孺子可教，想教你点儿本领。明天早晨，你在这儿等我。"

"真的吗？"张良高兴地问。

"当然是真的。一言为定。"老头斩钉截铁地说。

次日清晨，天刚蒙蒙亮，张良就来到了桥上。不想，老人已经先到了。老人说："你怎么才来呀！今天太晚了，你等明天再来吧。"说完，老人就扬长而去了。

第三天清晨，天还没亮，张良就来到桥上，但是老人还是来得比张良早。看到张良姗姗来迟，老人不悦地说："你怎么老是这么晚才来呢！"说完，老人头也不回地走了。张良心生惭愧，他决定明天一定要早早地来。

当晚，张良之后没有再睡觉，而是点灯夜读，刚刚半夜就摸黑去桥上等老人。张良等呀等呀，等了很久很久，一直快到天亮了，老人才远远地走来了。看见老人来了，张良赶紧起身上前施礼迎接。老人看到张良虚心求教的样子很满意，拿出一本书给张良说："你把这本书拿回去认真地读一读，将来就可以做帝王之师了"说完，老人把书交给张良。张良对老人感激不尽，追问老人的尊姓大名，老人边走边摆手说："我姓黄名石，在济北谷城山下住。"渐渐地，老人的身影消失了……

原来，老人给张良的这本书是《太公兵法》。张良把书拿回家后勤奋苦读，认真琢磨，掌握了书中的精髓，最终成了刘邦手下杰出的将才。

如果不是因为忍耐，张良就无法从老人手中得到这本珍贵的《太公兵法》，也就无法成为一代良将。虽然我们不是张良，也未必有机会得到失传已久的兵书，但是，生活中的机会无处不在，我们只有学会宽容地对待别人，才能够使自己的人生得到更多的机会。

脾气点播

忍，能够使我们获得很多的机会，使我们的人生豁然开朗。

忍让，是为了更好地崛起

尽管有人说忍让是无能之人才会做的事情，是怯懦的表现，但是我们还是要说忍耐是一种胸襟宽阔的表现，是一种不与人争的高尚节操。更重要的是，忍让有的时候是一种以退为进、厚积薄发的策略，忍让不是沉默和沉沦，而是为了更好地崛起。在生活中，我们必须学会忍让，忍让能够使我们度过一时的困境，迎来生命的璀璨。假如不能忍让，假如一遇到事情就爆发，那么我们就会于无形中失去很多机会，甚至彻底地沉沦。

人们常说，人在屋檐下，不得不低头。低头，并不意味着认输，而是一种争取，为自己争取更多的时间做准备，争取在必要的时候一飞冲天。

现在的低头是为了将来的昂首挺胸，此刻的忍让是为了日后的豪气干云。忍让曾经改变了无数人的命运，成就了无数人的梦想。大凡成就大事者，无不有着宽广的胸襟，能够忍一时之辱，而成百世之业。作为常人，尽管我们未必各个都能像成功者那样名垂千古，但是，每个人都有每个人的成功，只要达到了我们既定的目标，我们的忍让就是成功的。

韩信自幼就失去了双亲，成为了孤儿。为了维持生活，他每天都去钓鱼，以便换取钱来换米换盐。有的时候，韩信钓不到鱼，就没有饭吃。因此，很多人都瞧不起韩信。在河边，一位靠漂洗丝棉为生的老妇人看到韩信忍饥挨饿很可怜，就把自己的饭给韩信吃。

有一天，一群当地的恶少当众羞辱韩信。有一个人高马大的屠夫挑衅韩信："尽管你长得很强壮，还喜欢佩带刀剑，实际上，我们都知道你是个胆小鬼。如果你真的有本事，那你就用剑来刺我吧！如果你不敢，那就证明你的确是个胆小鬼，你就必须从我的裤裆底下钻过去。"面对屠夫的挑衅，形只影单的韩信知道如果硬拼，吃亏的肯定是自己。因此，在众目睽睽之下，他忍受着屈辱，从那个屠夫的裤裆底下钻了过去。

众所周知，韩信是中国历史上著名的军事家，是西汉王朝功不可没的开国功臣。和韩信同样出名的是这段史称"胯下之辱"的历史，假如韩信当时拼死与屠夫一搏，那么历史上就将少了韩信这个功劳显赫的汉朝名将，而韩信也必将落得锒铛入狱甚至为屠夫抵命的下场。正是因为理智的忍耐，韩信才有了为历史所铭记的人生，正是因为一时的忍让，韩信才有了日后的崛起。

尽管我们不是韩信，在忍让之后也未必能够拥有和韩信一样的人生，但是，我们一定要学会忍让的精神，因为只有忍得一时，我们才能成就一世。

脾气点播

忍让，不是怯懦，更不是无能，而是为了更好地崛起。

你要明白吃亏也是福

“吃亏是福，占便宜是祸”，对于这句话，很多人都耳熟能详。然而，真正能够理解这句话的含义并且照着去做的人却是少之又少。这是为什么呢？因为人人都怕吃亏。假如我尊敬别人，别人却不尊敬我；我照顾别人，别人却不为我着想；我帮助别人，别人却处处冷落我，那么我是一定不愿意当这个冤大头的。因为我觉得自己吃亏了。殊不知，在你尊重别人的过程中，你感受到了自尊的快乐；在你照顾别人的过程中，你感受到了付出的快乐；在你帮助别人的过程中，你感受到了助人为乐的快乐。因此，即使别人没有及时地给予你回应，你也依然得到了回报，这样想来，就无所谓吃亏不吃亏了。很多时候，回报不是别人给予我们的，我们是否快乐更不是别人所决定的，而是发乎我们的内心。

现代社会，随着经济的发展，随着社会的急剧转变，人与人之间的感情逐渐淡漠，甚至包括亲人之间也产生了越来越多的矛盾和纠葛。很多亲人之间之所以反目成仇，也是因为觉得自己吃了亏。随着城市化进程的推进，很多家庭都遭遇了拆迁，原本因为拆迁而得到国家补偿改善生活是件好事，但是因为拆迁导致亲人反目的悲剧却屡见不鲜。究其原因，就是人们历来不患寡而患不均的心态。穷不可怕，大家一样穷就好；有钱可以，分钱一定要公平。否则，就一定会引起民愤。因为拆迁的房子分配不均，因为拆迁款没有福泽每一个人，所以占了便宜的人依然大呼吃亏，吃了亏的人更是火冒三丈。这一切，都是因为亲人之间还斤斤计较，没有领悟吃亏是福的道理。都是一母同胞的兄弟，即使你少拿了一些，多的也到了你亲兄弟姐妹的囊中，如此一想，肥水没流外人田，岂不释然？怕只怕有些人想不通，活脱脱地把一幕喜剧演绎成了悲剧。只要我们的胸怀更加开阔一些，只要人与人之间多一些宽容和理解，只要我们知道快乐源我们内心的道理，我们的人生就会更加豁达，更加从容。

小王和小李都是国营企业的员工。20世纪80年代末，住房很紧张，单位原本规定每对已婚夫妇都可以分到一间住房，但是因为一个老员工退休回乡，所以多出了一间住房。为了这间住房，小王和小李展开了竞争。按规定，这间住房应该分给职称更高的小李。不过，小李是个老实人，虽然他很想得到这间房子，却输给了不择手段的小王。对此，小李夫妇尽管心中郁闷，却什么也没有说。而小王夫妇呢？住房面积一下子扩大了一倍，他们每天都喜笑颜开、洋洋得意。

谁说吃亏是福呢？这句话简直太有道理了。几年后，单位实行改制，不但职位进行了很大的调整，还有了单元房可供分配。因为小王家中有两间房，足够住的，所以，单位里唯一的单元房顺理成章地成了小李的了。对此，尽管小王上蹿下跳地托关系找人，却都于事无补。看着小李一家高高兴兴地搬进了单元房，小王简直脸都气绿了。

如果不是小王当初用下三滥的手段抢到了本该属于小李的房子，那么，小李就能够分到两间房子，而这次的单元房名额就很有可能成了住房紧张的小王的。面对这样一个令人啼笑皆非的结局，我们除了说一切都是命运的安排，还能说什么呢？

一个人即使再怎么精明，也不可能每次都占到便宜；一个人即使再怎么愚钝，命运也终究会把他应得的还给他。不管做什么事情，吃点儿亏没事，重要的是不要占别人的便宜。吃亏是福，老祖宗的祖训是有道理的。

脾气点播

吃亏是福，不管什么时候，宁愿吃亏，也不要随便占别人的便宜。命运的安排，自始至终是公平的。

塞翁失马的启示

生活中，细心的人不难发现，有的时候，我们正在因为某件事情而沾沾自喜、喜不自胜，突然之间灾祸就会降临，使我们的笑脸瞬间变成哭脸，甚至是愁眉苦脸。而有的时候，我们正在因为某件事情而发愁，不知如何是好，突然之间幸福就会来到我们的身边，使我们感慨“山穷水尽疑无路，柳暗花明又一村”，生活的转机让我们把哭脸瞬间变成了笑脸，苦涩也成了甜蜜。这正应了老子说的那句话，“福兮祸之所伏，祸兮福之所依”。这句话的意思是说，祸是造成福的前提，而福中又含有祸的因素。换言之，好事与坏事并非是绝对的，而是能够互相转化的。在某些特定的条件下，福会变成祸，祸也有可能变成福。经过了几千年的验证，充分证实了老子的这句话是很有道理的。

不管什么时候，我们看事情都要全面。即使遭遇灾祸，也要看到有好的一面；即使春风得意，也不能得意忘形，而要意识到凡事都有两面性。很多时候，事在人为，我们不能一味地伤悲或者是欢喜，而是要辩证地看待事物的两面性。

很久以前，有个老汉住在和胡人相邻的边塞地区，靠养马为生。很多来往边塞的过客都买过老汉的马，因此，他们都尊称老汉为“塞翁”。

塞翁生性豁达，对于事物有着与众不同的见解，是当时的人们所无法参透的。一天，不知为何，塞翁家的马放牧归来时迷了路，跑丢了一匹。在当时，马可是贵重的家产，因此，听说塞翁失去了一匹马，邻居们全都赶来安慰塞翁。不想，塞翁非但没有丝毫悲伤，反而安慰邻居们：“丢了马当然是很大的损失，但是结果最终如何谁也说不准呢？！”听了塞翁的话，邻居们都以为他伤心过度在说胡话呢！使大家惊讶万分的是，几个月过去了，那匹迷途的老马不仅从塞外回来了，而且带回了一匹罕见的骏马。因此，邻居们再次来向塞翁贺喜，不想，塞翁却一反常态，异常担忧地说："唉，多了一匹马也说不定是个灾祸呢！"听了这话，所有人都以为塞翁是心中窃喜表面却装腔作势。不想，没几天，塞翁的儿子骑着这匹骏马出去兜风，不小心摔断了腿，成了个瘸子。

看到塞翁唯一的儿子成了瘸子，邻居们闻讯后纷纷前来慰问塞翁，塞翁却依然不悲不喜地说："谁知道这件事最终的结果是好是坏呢？"一年多过去了，胡人入侵中原，边塞的许多年轻人都应征入伍，一去不回。而塞翁的儿子是个跛腿，所以得以免服兵役，伺候父亲终老。

从塞翁失马这件事情上我们不难得到一个启发，即好的事情未必有好的结果，而坏的事情却又可能转化为好事。这就告诫我们千万不要轻易地欢喜或者悲伤，事情的发展往往出乎我们的意料，而我们所能做的就是尽量争取。

脾气点播

塞翁失马，焉知祸福。既然不知道到底是福还是祸，我们唯一能做的就是淡然以对，不要过于计较得失。

第8章

不因得失生怒气——学会淡然，懂得看开

人生，既然有得到，就会有失去。当我们因为得到而暗自窃喜的时候，必然也有一天会因为失去而痛哭流涕。这就是人生，时刻处于得失之间，有得就有失。面对得失，只有放宽心态，坦然面对，才能够更加豁达，更加从容。

心是自由的天地，不是牢笼

自古以来，为了追求自由，无数的革命先烈抛头颅，洒热血。现代社会，虽然已经无须我们以生命为代价去为自由奋争，但是，对于很多人来说，自由依然是可望而不可及的梦想。当无数人慨叹自由的难得时，我们其实应该意识到，自由的得到并非那么难。很多时候，自由取决于我们的内心。要知道，这个世界上没有任何一个囚牢能够使我们的心失去自由，即使我们身陷牢狱，失去了人身的自由，我们的思想和心灵也依然可以在广袤无垠的天地中自由翱翔。因此，不要抱怨你失去了自由，唯一能使你失去自由的就是你心灵的禁锢。要想获得自由，我们首先要解放自己的心灵。

在生活中，每个人所面对的诱惑都太多了，想要得到的也太多。因为渴望得到，因为害怕失去，人们渐渐变得畏手畏脚，不敢放开手脚去奋力拼搏。正因为心中有所顾忌，所以我们才囚禁了自己。人们常说，光脚的不怕穿鞋的，正是这个道理。假如一个人一无所有，或者不害怕失去，那么还有什么是能够威胁到他的呢？正因为拥有的太多，害怕失去，人们才会变得怯懦，变得胆小甚微，变得失去自我。放开你的心吧，心是自由的天地，而不是牢笼！

贾明是从农村考上来的大学生，他的父母都是老实本分的农民，无权无势。进入大四之后，眼看着毕业在即，同学们都八仙过海，各显神通，贾明不由得着急起来。如果没有人在这个关键时刻帮他一把，那他就只能回到黄土弥漫的家乡了。昼思夜想之后，贾明的眼睛不由得瞄准了比自己低一级的小师妹闹闹。闹闹曾经对贾明表示过好感，但是贾明却对另外一个女同学情有独钟。如今，贾明之所以想起闹闹，无非是因为闹闹的舅舅是系主任。

对于贾明态度的一百八十度大转弯，闹闹虽然心里知道是怎么回事，但是她实在是太喜欢贾明了，因此，虽然看破了，她却没有说破，而是欣然接受了贾明的追求。在闹闹舅舅的推荐下，贾明不但留校读研，还有机会留在学校当辅导员。眼看着自己和闹闹的恋爱婚姻已经板上钉钉，前途明朗的贾明虽然心有不甘，却只能像案板上的肉一样任人宰割。他无法提出分手，更无法亲口告诉闹闹自己不爱他。就这样，贾明和闹闹走入了婚姻的殿堂，开始了自己无奈的人生。

事例中的贾明，因为有所企图，所以选择和系主任的外甥女闹闹恋爱。这样的爱情无疑掺杂了太多的不纯洁因素，所以，贾明才会如此痛苦和纠结，却又无可奈何。爱情，是人性中最美好最自由的东西，假如没有爱情的滋润，人生无疑是枯涸的。对于自己作出的选择，贾明失去了爱情的自由，他的心从此也变成了囚牢。

不要因为任何事情委屈自己的内心，因为在这个世界上，只有你的内心才是真正忠于你的。

脾气点播

心若不自由，不管在哪里，你都不自由；心若自由，不管在哪里，你都是自由的！

世界上没有绝对的完美

尽管人人都追求完美，我们却不得不遗憾地承认，这个世界上没有绝对的完美。绝对的完美本身就是一种瑕疵，显得那么不真实，那么虚浮。只有缺憾，才是真正完美的表现。所以，我们要学会接受不完美，要学会欣赏万事万物的不完美。

在江苏卫视热播的婚恋交友类节目《非常勿扰》上，有一期上来了一个非常优秀而且十分完美的男嘉宾，但是最终，在最后一个VCR播放的时候，原本坚持留灯的女嘉宾全都把灯灭了。这是为什么呢？当孟非问其中一个女嘉宾的时候，女嘉宾给出的答案是这个男嘉宾太完美了，看似乎没有任何缺点。这句话的言外之意是说，这个男嘉宾不可能没有缺点，而之所以表现得这么完美，唯一的原因就是他虚伪地掩饰了自己，仅仅是表现得完美而已。女嘉宾都很聪明，她们不会轻易地相信一个男人是绝对完美的。纵观那些牵手的女嘉宾不难发现，女嘉宾很多时候选择和一个男嘉宾牵手，并非是认为这个男嘉宾多么完美，而是因为既看到这个男嘉宾的优点，也了解了这个男嘉宾的缺点，并且，这个男嘉宾的缺点是她们所愿意接受的，甚至是觉得可爱的。只有在这个前提下，聪明的女嘉宾才会义无反顾地和男嘉宾牵手。

对于别人，我们要采取宽容的态度，接受对方的不完美。那么，对于自己呢？对于自己，我们同样要接受自己的不完美。很多时候，我们对自己要求很高，不管是对于学习，还是对于我们的工作，甚至是对于我们的人生，每一件事情，我们都希望自己做到极致。殊不知，这是根本不可能的。既然人无完人，金无足赤，我们也就要意识到，做事情同样无法达到十全十美。很多事情都会留有瑕疵或者是缺憾，这样我们才有进步的可能和空间。不要抱怨自己不完美，要知道，你是这个世界上独一无二的自己，即使不完美，也是最真实的存在。

对于刚刚上初三的女生何琳娜而言，脸上的痘痘无疑是她最大的心病。已经是开始爱美的年龄，何琳娜对于自己的身高、体重、肤色都很满意，唯独不满意的就是这满脸的痘痘。她的学习成绩很好，但她却因为痘痘很自卑。看着其他女生光洁的脸，她恨不得一夜醒来自己脸上的痘痘也能全部消失。

一次，何琳娜偶然在电视上看到有一种除痘产品。产品很神奇，只要坚持使用十天，脸上的痘痘就能消掉，只要坚持使用一个月，甚至连痘痕都能恢复如新。只不过，这个产品对于还是学生的何琳娜而言太贵了，要六百多块钱。何琳娜费尽了心机，好不容易才从在外打工的父母那里要来六百多块钱。她迫不及待地买来产品开始使用，谁知，不到三天，她的脸就开始红肿发痒，而且开始蜕皮。何琳娜很害怕，赶紧去找老师。去了校医务室之后，何琳娜知道自己严重过敏了，需要输液。得知何琳娜是为了治疗痘痘才过敏的，老师语重心长地说：“何琳娜呀，长痘痘是大多数青春期女孩子都要面对的问题，这是年轻的表现啊！你看老师都已经三十多岁了，曾经像你这么大的时候，我也因为痘痘烦恼，但是如今想长痘痘都长不出来了。”听了老师的话，何琳娜很后悔，她不仅浪费了父母辛苦挣来的六百多块钱，还得输液好几天。她发誓，以后再也不做这种傻事了！

每个人都有不完美的地方，对于处于青春期非常优秀的女孩何琳娜而言，也会因为痘痘而烦恼。不过，在为了治疗痘痘而过敏之后，何琳娜一定会明白，健康才是最重要的。凡事都要经历一定的发展过程，我们应该顺其自然地接受，而不要试图违背自然的规律。

脾气点播

接受这些不完美吧，正是因为这些不完美，你才是独一无二的你！

得失只在一时一事之间

很多时候，面对得失，我们斤斤计较，恨不得永远只有得到，而没有失去。一旦失去了点儿什么，我们就绞尽脑汁地想要从别的地方获得补偿，殊不知，得失是人生的常态，并不值得我们这样大动干戈地去算计。人生，就在得失之间，而得失，大多数时候只在一时一事之间。命运总是公平的，有时，你在这里失去了，在其他地方就会获得补偿。因此，我们要以平常心对待得失，就像对待阴晴不定的天气，有乌云就会有阳光明媚，只要你耐心等待就好。

得到和失去都只是暂时的，时间的流逝，即使是再美好的东西，也终将会逝去，即使是在痛苦的失去，也终将会被时间冲淡。我们会有新的得到，同时会面对新的失去，而最终留给我们的，只是回忆，甚至连回忆、也会渐渐地淡忘。有些人喜欢用马拉松来比喻人生的漫长，的确，在跑完马拉松的过程中，终点已经不是那么重要，重要的是我们眼前所面对的景色。我们既无须想着遥遥无期的终点，也无须想着已然路过的美景，只需盯着眼前的目标，一步一步地迈进。所以，把握现在吧，珍惜你所拥有的，遗忘你所失去的，勇敢地面对未来的生活。

他很喜欢唱歌，但是，因为家境贫寒，他却没有足够的钱为自己买唱片和心爱的小提琴。一次，为了买一把心仪已久的小提琴，他把妈妈给自己的一个学期的学费花掉了。从此，他抱着心爱的小提琴忐忑不安地度过了整整一个学期。让他惊讶的是，一个学期，学校都没有向他催交学费，妈妈也没有打电话问他学费去哪儿了。当他渐渐心安的时候，新学期刚刚开学，他刚刚到校，妈妈就打来电话问他上个学期为什么没有交学费。终于东窗事发了，他的心踏实下来。面对妈妈的指责，他只是嗫嚅着说自己真的很想买那把小提琴。对此，妈妈虽然无可奈何，却不得不去为他筹措学费。

转眼间，在小提琴的陪伴下，他大学毕业了。他没有从事与自己所学专业相关的工作，而是走上了音乐的道路。也许是天赋，也许是音乐这条路走得太艰辛，当他能够自由地唱自己爱唱的歌时，他就像一颗爆发的原子弹，释放出了无限的音乐能量。他很快就走红了，看着无限风光的儿子，妈妈热泪盈眶，他自己也百味丛生。

瞒着妈妈，用一个学期的学费买了一把小提琴；忐忑地抱着自己心爱的琴度过了一个学期，不得心安；被妈妈指责，但是却依然不改音乐的梦想；毕业后，火速蹿红，成为音乐界的新星……这一切的一切，都是得与失的转化，却不能仅仅用得失衡量。人生亦是如此，我们无法精确地衡量自己的得失，因为得失之间的界限原本就没有那么明确。

得失不是绝对的，正如塞翁失马一样，焉知祸福呢？我们应该有一颗淡然的心，正确地面对得失，这样我们才能拥有豁达的人生。

脾气点播

得与失是可以互相转化的，我们应该坦然面对。

金无足赤，人无完人

人是群居动物，每个人都不可能独立地生存在这个世界上，每个人都要与别人打交道。既然是交往，就难免要磨合，就会产生摩擦，甚至是矛盾。很多时候，我们自以为是完美的，因而也用同样的要求去要求别人。殊不知，金无足赤，人无完人，每个人都有自己的缺点，这些缺点，我们或许能够接受，或许很难接受。对于那些性情相投的朋友，人们常用志同道合、默契等来形容，而对于那些一见面就针尖对麦芒的人，人们只能用不对付来加以总结。其实，假如每个人的心态都能宽和一些，那么，人与人的相处就会更加容易。

在生活中，有些人是严于律己，宽以待人，这样的人是很好相处的。而有些人则恰恰相反，他们严于律人，宽以待己。可以想象，和这样的人交往将会多么困难。归根结底，交往是否融洽，完全取决于人们以怎样的心态与人交往。在生活和工作中，要想拥有好人缘，要想拥有更多的朋友，我们就要学会接纳别人的缺点。

璐璐几乎没有几个朋友，究其原因，是因为她太挑剔了。璐璐自己非常优秀，唯一的缺点是凡事都吹毛求疵。对于同学，璐璐几乎总是能找出缺点来。例如，张三太邋遢，李四太懒惰，马莉小心眼，珠珠说话太刻薄。尽管看到了每一个人的缺点，璐璐却没有看到自己的缺点。眼看着班干部选举在即，尽管璐璐非常优秀，她的选举得票却少得可怜。眼看着不如自己的张三居然当上了班长，璐璐委屈极了。她找到班主任，班主任看着璐璐，笑着摇了摇头。班主任对璐璐说："璐璐，其实你不管哪个方面都很好，但是你知道为什么同学们都不选择你吗？就是因为你的眼睛总是盯着别人的缺点。而张三之所以能够以最高的选票当上班长，就是因为他人缘好。"璐璐不满地嘟着嘴，说："可他那么邋遢！"班主任语重心长地说："你要知道，没有人是完美的，每个人都有缺点。张三虽然邋遢，但是他的优点是他非常热心。同学之间，不管谁遇到困难了，他总是第一个上前帮助别人，而且从不计较得失。再如李四，他尽管有点儿懒，但是他脑子非常聪明，几乎年年的数学竞赛都是李四帮助我们班级得到了第一名的好成绩。还有很多同学，也许在你眼里都有缺点，但这些缺点不是不可原谅的。你总是放大别人的缺点，而忽略了别人的优点。假如你能把这两个方面颠倒一下，你就一定能够做得更好。"听了老师的话，璐璐恍然大悟。原来，她自以为事事都看得很清楚，却只盯着每个人的缺点，反而失去了很多的朋友。

只有接受别人的不完美，像对待自己一样容纳别人的缺点，我们才会成为受欢迎的人。其实，凡事都有两面性，缺点有的时候也会转化为优点。要想和人更好地相处，除了学会接纳别人的缺点之外，我们还要学会欣赏别人的缺点。与人相处的时候，千万不要戴着有色眼镜看人，更不要把别人的缺点无限放大。正确的做法是放大别人的优点，缩小别人的缺点，以平和的心态接纳别人，宽容别人。

脾气点播

金无足赤，人无完人。只有记住这个道理，我们才能更好地与人相处。

降低欲望，自然容易得到满足

古人云，有容乃大，无欲则刚。无欲则刚的意思是说，正是因为没有世俗的欲望，所以千仞峭壁才能巍然屹立。在现实生活中，人们常常用无欲则刚来比喻人只有做到没有世俗的欲望，才能达到大义凛然的至高境界。林则徐曾经写下了一副流传千古的对联，即"海纳百川，有容乃大；

壁立千仞，无欲则刚。”实际上，“欲”是一种人生理想，一种人生目标。现代社会，物质极大丰富，人们的欲望也越来越多。很多人因为欲望的驱使，做出了很多违背道德和法律的事情。其实，欲望是可以降低的。假如我们能够做到无欲无求，那么自然就能够达到高尚的境界。当然，几乎没有人是无欲的。所以，我们应该把自己的欲求控制在合理的范围内，不要让自己成为被欲望驱使的奴隶。

如今，人们常常慨叹生活的不易，因为自己的很多欲望都得不到满足。而实际上，要想得到满足很简单，那就是降低自己的欲望。人们常说，知足常乐。欲望降低了，得到满足了，快乐自然也就会伴随着我们。生活中有很多人因为欲望太多，导致欲壑难填，因而最终走上了犯罪的道路，坠入了欲望的深渊。

有一天，孔子和学生们讲道理，他情不自禁地慨叹道：“迄今为止，在这个世上，我还没有见过真正刚强不屈的人啊！”听了孔子的话，那些年轻的弟子惊诧万分，因为在他们的心目中，像子路、申枨等人都是很刚强的。特别是申枨，他尽管年纪轻轻，但是每次与人辩论时都态度强硬，从不让步。很多时候，即使面对师长，申枨也不怯懦，依然摆出一副强硬的姿态。为此，几乎所有的同学都对他退让三分。此时，听到孔子的感慨，同学们异口同声地说：“论刚强，申枨当之无愧！”不想，孔子却有不同的见解，他说：“申枨欲望太多，和刚强毫不沾边。”一个学生不解地问：“申枨并不贪财，老师为什么说他欲望多呢？”孔子答道：“实际上，欲望并不仅仅指贪财。简而言之，没有明辨是非就想在争辩上胜过他人也是一种‘欲’。尽管申枨为人耿直，但他却处处逞强争胜，从不肯低头让步，这就是一种‘欲’啊！因此，他无论如何也称不上是刚强不屈！”接着，孔子又说：“所谓的‘刚’，指的是克制自己欲望的能力，而并非指逞强好胜。真正的‘刚’，在任何环境中都始终如一！”

原来，所谓的刚并不是指从不让步的刚强，而是一种做人的原则和境界。人们的欲求有很多，不仅有物质方面的，还有精神方面的。只有做到真正的“无欲”，我们才能达到“至刚”的境界。

面对这个繁华纷扰的世界，我们每个人都应该降低自己的欲望，这样才能使自己得到更多的满足，从而更容易感受到生活的快乐和幸福！

脾气点播

知足常乐其实很容易实现，关键在于降低自己的欲求！

学会以退为进地坚守

在商业竞争中，以退为进是一种高明的策略，表面上看是退让，实际上却是以退让的姿态作为进取的阶梯，实现己方真正的目的。从本质上看，退只是一种表面现象，目的在于以形式上的退让迷惑对方，从而使对方从己方的退让中获得心理满足，从而放松警惕。因为自以为得到了满足，对方在松懈和补偿的心理上也会相对地作出一定的让步，从而心甘情愿满足己方的某些要求。殊不知，在退让的烟雾弹下，己方想要争取的正是这些条件的满足。由此可见，所谓的以退为进是一种实质上的坚守，而并非形式上的退让。

虽然生活中未必每个人都是商海中的精英，但是在处理很多生活问题的时候，我们其实都是可以用到以退为进的策略的。假如我们能够把这个策略应用好，就能够轻而易举地让对方心甘情愿地满足我们的要求，从而避免了争辩过程中的战火纷飞，硝烟弥漫。生活中的有些人，做起事情和说起话来只会直来直往，不会拐弯。假如能学会这种迂回的方式，人与人的交往就会少些矛盾与纷争，多些和谐与美好。

脾气点播

记住，以退为进不是退步，而是聪明人采取的另一种形式的坚守。

生活的弦需要松紧适度

大街上熙熙攘攘的人群中，有几个人能够做到真正的惬意舒适？其实，我们真的没有必要把生活的弦绷得太紧，即使我们是为了给家人更好的生活，使自己得到更长足的发展。人生的欲求是没有止境的，随着社会的发展，物质的极大丰富，人们对于物质与金钱的追求更加强烈与迫切。殊不知，物质与金钱并不能给我们带来真正的幸福感，它们所能给我们的只是一时的心理上的满足。就像弹琴，弦必须松紧适度，才能演奏出优美的曲子。假如拉得太紧，一不小心就会导致琴弦断掉，假如弦太松，则又会使奏出的曲子疲软无力。只有松紧适度，才是最恰当和完美的。生活亦是如此，不管我们想要多少的满足，都应该结合自身的情况出发，适度地追求。人们常说不要强人所难，实际上，我们同样需要正确估量自己的能力，不要强自己所难。人生在世，如白驹过隙，看似漫长，其实只是转瞬之间。当一生匆匆而逝的时候，回忆往昔，只有那些把握住幸福滋味的人才不会慨叹，不会后悔，而所谓的金钱、权势和名利在生死面前全都是浮云。

当工作压力太大的时候，当想要得到的太多的时候，不妨扪心自问，工作的目的是什么？在这一生之中，你真正想要的是什么？只有弄清楚自己的最终目的地，我们才能不在旅途中浪费宝贵的时间做那些无意义的事情。生活越来越急迫，我们必须学会放松，学会适时地给自己松一松生活的弦。这样，我们才能从容地享受生活，尽览人生的美景。

琳琳是个高中女生。从步入高中开始，她的精神就很紧张，因为妈妈早就告诉过她：要想改变自己的命运，就必须抓住高考这唯一的机会。所以，从高一起，琳琳就告诫自己一定要努力，努力，再努力！为此，她几乎从来没有享受过周末的闲暇时间，因为她把周末都用来学习了。妈妈看在眼里，乐在心里。

然而，好景不长，不久琳琳就出现了头晕、恶心、失眠等症状。妈妈赶紧带她去看医生，医生经过详细检查，最终得出结论：琳琳患上了神经衰弱症。当了解琳琳的心理状态后，医生找到了病根。原来，琳琳是因为过于紧张导致的神经衰弱，再加上她总是学习，从不放松自己，因此，她还患上了近视症。看着鼻梁上架上沉重眼镜的女儿，再想想医生说的话——“面对高考，一定要放松。如果精神紧张，很容易发挥失常。况且，条条大路通罗马，高考并非人生唯一的机会。”妈妈现在很后悔，因为是她过分地强调了高考的重要性，才导致琳琳对高考过于焦虑和关注的。

弦太紧了，断掉是唯一的结果。事例中的琳琳刚上高一就出现了各种不适，假如不及时调整，如何面对更加紧张的高三呢？按照她目前的拼命程度，也许没到高三就会倒下了。作为社会的一员，不管是学生还是成人，不管在哪个行业工作，都一定要摆正自己的心态，工作生活的节奏都要适度。只有适度，我们才能更好地发挥自己的潜能，实现自己的目标。

脾气点播

要想演奏出生活中最优美的旋律，我们就要保证心弦松紧适度。

能屈能伸才是真正的强者

不管是在生活中还是在工作中，我们常常给自己制定一个目标，或者树立一个榜样，以此鞭策自己不断地努力。有的时候，这个榜样是我们的朋友，有的时候，这个榜样则是我们的敌人。我们希望能够超越那些被我们设为目标物的人物，从而证明自己的能力。然而，很多人不知道的是，人最大的敌人是自己，而不是任何的其他人。人是脆弱的，渴望着成功，却无比惧怕失败。假如能够战胜自己的心魔，坦然地面对人生的坎坷和挫折，鼓起希望和自信的风帆，那么人生之舟就会更加顺利地向着成功的彼岸驶去。

从某种意义上说，人生奋斗的过程其实就是不断努力、不断超越自己的过程。我们完全没有必要以别人为参照物，因为每个人的成长经历和背景都是不同的。我们唯一需要做的就是超越自己，比起自己的昨天来，只要今天是有进步的，那么我们就是成功的。很多时候，我们在成功的过程中会遇到很多阻碍，这些阻碍并非来自外界，而是来自我们的内心。只要我们战胜自己的内心，不再惧怕失败，我们就会离成功越来越近。要知道，没有人的一生是一帆风顺的，只有失败了不气馁，成功了不骄傲的人，才称得上能屈能伸，才称得上是真正的强者。不管什么时候，成功都会眷顾真正的强者。

张江最近开了一家公司，而且还很顺利地谈下了一个大单子，因此，他高兴地邀请几个好友去一家生意火爆的酒楼喝酒。也许是人逢喜事精神爽吧，张江简直是春风得意。不觉之间，他喝得有点儿多了，开始手舞足蹈起来。远处的服务员看到张江在挥手，以为是要酒，因此赶紧拿着酒走过来。殊不知，张江说到兴奋的地方，全然没有留意服务员已经到了他身后。只见他手一抖，服务员的酒瓶被打到地上，洒了一地，还弄得张江衣服和鞋子上都是。见此情形，服务员很紧张。恰巧，酒店老板此时也走过来了，虽然他看见了事情的全部经过，也知道完全是张江不小心，但是他却二话不说就拿出纸巾蹲在地上为张江擦鞋。张江见状酒醒了一半，赶紧拉起老板说："哎呀，这可不好意思。况且，酒洒了都怪我，不关服务员的事情。"老板抬起头，他的神情无比从容。他不像是在给客人擦鞋，而像是在给自己的父母擦鞋一样觉得天经地义。老板淡淡地说："不管酒洒了怪谁，您都是我们酒店的客人，我有义务为您服务。"张江不由得冲着老板竖起了大拇指，说："难怪您酒楼的生意刚刚开张就如此火爆，就凭您的为人，您一定会做出一番大事业。"

堂堂一家大酒店的老板，在客人有需要的时候马上蹲下身来亲自服务客人，这是怎样的胸襟和为人？凡事都不是无缘无故的，一分付出一分回报。能屈能伸才是强者，假如每个人都能像这家酒店的老板一样放低身姿，那么也一定能够在属于自己的领域作出成就。

脾气点播

只要战胜了自己，生活中就没有什么是不能面对和战胜的。记住，能屈能伸才是真正的强者！

人生并非永远是直行道

几乎每个人都希望自己的人生能够一帆风顺地到达既定的目的地，殊不知，人生最重要的是过程，而不是所谓的终点。假如人生如坐了火箭一般直接就到达了目的地，那么还有什么乐趣可言呢？当然，即便没有乐趣，人生也是没有火箭可以直达的。每个人在漫长的人生之路上都有可能遇到坎坷和挫折，一帆风顺的人生是不存在的。

当遇到挫折和坎坷的时候，我们是要退却吗？退却并不能解决问题，只会使我们在未来的人生之路上面对更多难以逾越的障碍。那么，迎难而上呢？尽管我们曾经非常推崇迎难而上的精神，但是迎难而上却并非面对人生障碍的唯一选择。有些困难，是我们凭着勇气就可以解决的，有些困难，却需要我们更加理智和灵活地迂回曲折，这样才能以最小的代价换取最大的成功。即使人生再怎么艰难，也没有死胡同，更没有绝境，只要你有一颗充满希望和斗志昂扬的心。正如人们常说的，条条大路通罗马。假如你在人生之路上已经碰得头破血流了，那么难道你一定要到撞晕过去为止吗？聪明的做法是拐个弯，找一条更合理的路线。

徐云强上了四年高中，不用说大家也知道，他肯定是在高三的时候复读了一年。的确如此，徐云强的学习成绩挺好的，但是因为填报志愿不够合理，再加上临考紧张，所以他接连两年都与自己心仪的大学擦肩而过。对此，家里人很不甘心，想让他再复读一年，却被他坚决拒绝了。面对接连两次的高考失利，徐云强毫不气馁，而是踌躇满志地告诉家人：“不上大学，我也一样有出息，你们等着看吧！”说完，徐云强就背起行囊去了广州。

广州是一个非常开放的城市，看着熙熙攘攘、川流不息的人群，徐云强简直眼睛都看花了。他很快就找到了一家工厂开始打工，当然，他的目的不是打工，而是学习别人先进的经验。其实，徐云强早就想好了，他与广州的大厂合作，回家乡成立一个代加工的小厂。正是因为有了这个明确的目标，徐云强工作起来很有干劲，而且基本没走弯路。不到两年，徐云强就为自己联系好了合作的工厂。回乡之后，因为家里的劳动力很便宜，再加上能够为父老乡亲提供一个无须离乡就能挣钱的工作机会，徐云强的工厂轻而易举地就开办起来了。看着规模越来越大的工厂，徐云强满怀信心，他告诉自己，一定要做大做强！

我们无从知道徐云强如果第三次参加高考的结果是什么，但是可以肯定的是，在商机瞬息万变的现代社会，晚一年的时间，对于走入商海的徐云强来说一定会错失很多机会。在其他同学大学还没有毕业的时候，徐云强已经开办了自己的工厂，谁又能说他没上大学就低人一等呢？也许，他的前途会更加光明。

人生不仅仅只有一条路可以走，我们应该让自己的心思活络一些，千万不要在一棵树上吊死。现代社会和范进中举的年代已经完全不同了，生逢其时，我们应该努力地抓住时机，才能更快成功。

脾气点播

人生并非永远是直行道，与其撞得头破血流，不如学会拐弯，学会另辟蹊径！

第9章

释放压抑坏情绪——舒缓身心不要情绪垃圾

生活中有垃圾桶，其实，情绪也有垃圾桶，但是却很少有人记得倾倒。要想使自己轻松愉悦地生活，我们就应该时时清理情绪的垃圾桶，赶走自己的坏情绪，这样，我们才能更加快乐地享受生活的赐予。

不识庐山真面目，只缘身在此山中

早在北宋时期，大文豪苏轼就写出了“横看成岭侧成峰，远近高低各不同。不识庐山真面目，只缘身在此山中”的著名诗句。身在庐山，为什么无法辨认庐山的本相呢？只是因为置身于庐山之中，因此视野被庐山的峰峦叠嶂所遮挡，因此无法看到庐山的整体面貌，而只能以有限的目力看到庐山的一峰一岭、一丘一壑。如此一来，对于庐山的认识必然带有片面性。其实，不仅游山玩水是这样的，观察世上的万事万物也是这样的。在生活中，因为每个人所处的位置不同，所以看待问题的出发点也就必然不同，这就导致每个人在看待客观事物的时候很难做到公正全面，而未免带有一定的片面性。要想超越自己视力所及的范围，看到更加整体和统一的真相，我们就必须摆脱自身的成见，站在更高的高度上统观事物。只有这样，我们才能看清生活的本质，摆脱生活中无谓的烦扰。也只有这样，我们才能腾空自己的心灵，给予自己更大的空间去享受生活。

很多时候，我们被坏情绪所困扰，为生活和工作中的一些小事情就烦躁不已。殊不知，生活就像一颗话梅糖，酸涩的外皮包裹着甜甜的内心。你必须揭开生活的面纱，才有机会去品味生活的甘甜。如果你被一些无谓的人和事扰乱了心绪，那么你的双眼就会被蒙蔽，只能看到眼前的一景一物，而无法看到生活更多的美好，甚至会因此而生活在抱怨之中。我们想要的不是这样的生活，我们必须跳出生活的圈，认清生活中原本是有着很多美好的，才能更好地享受生活。

一直以来，小俊都很羡慕闺密丹丹的生活。丹丹的老公是飞行员，天天全世界飞来飞去，每次回家，都会给丹丹带来世界各地的好吃的好玩的好看的服饰等。看着丹丹的衣着穿戴就像生活在世界时尚之都巴黎一样时髦，办公室里几乎没有女同事不羡慕的。一天，小俊闲来和丹丹聊天，满怀羡慕之情地说："丹丹，你简直太幸福了，你看，你身上穿的戴的全是世界名牌。别说我们没钱买了，就是有钱，也没地方买去呀！"听了小俊的话，丹丹惊讶地瞪大了眼睛，说："你羡慕我，我还羡慕你呢。你看，我老公每天都飞来飞去的，有的时候一走就是十几天，一年在家的日子屈指可数。他一出差，家里就剩下我和孩子两个人，晚上睡觉害怕不说，万一孩子有个头疼脑热的，我可愁死了！有一次，我家彬彬发烧了，我半夜三更的也找不着出租车，只好把他放在自行车上推到了医院。唉，哪有你好呀，你老公是医生，平时根本用不着出差，即使值夜班吧，也就在家门口的地方，家里有什么事情打个电话他立马就到了。你不知道，我可是讨厌死我老公出差了。其实，我老公也知道我不喜欢他的工作，所以每次回来都带礼物哄我开心。我呢，说心里话，根本不稀罕这些东西，我只想让他在家里好好地守着我和孩子！"

听了丹丹的话，原本对丹丹充满羡慕之情的小俊暗自思忖，觉得丹丹说得很有道理。的确，那些名牌的服装和饰品并不能代替老公啊，她不由得高兴起来，心想："原来，在我羡慕别人的同时，别人是如此羡慕我呀！看来，我不能只把眼睛盯着别人幸福的地方，也要看到自己生活的美好才是呀！"

小俊没有想到，在她羡慕丹丹的同时，丹丹也在羡慕她呢！之前，她的眼睛只看到丹丹的老公周游世界带回来的时尚礼物，却没有想到丹丹一个人在家带孩子的辛苦。如今，小俊知道了只有老公守在身边的幸福才是最值得珍惜的。很多时候，我们总是因为一些鸡毛蒜皮的小事一叶障目，看不到自己生活中的幸福，殊不知，幸福隐藏在生活的点滴之中，我们必须用心去体会，用心去发现，才能感受到生活中的幸福和美好。

脾气点播

生活是美好的，我们要有一双发现幸福的眼睛！

不要当祥林嫂

不得不承认，生活常常喜欢和我们开玩笑。很多时候，这些玩笑使我们得到了意外的惊喜；很多时候，这些玩笑使我们哭笑不得；更有的时候，这些玩笑使我们欲哭无泪。相信大家都对鲁迅笔下的祥林嫂有着深刻的印象，对于这样一个命运悲惨的女人，我们无法不同情她，可怜她。然而，在一次又一次听腻了祥林嫂的讲述之后，人们的同情之心渐渐淡去，剩下的只是无尽的厌烦。其实，生活中不乏祥林嫂这样的人，尽管很多人都没有意识到自己是祥林嫂的翻版。例如，单位里举行竞选，你原本以为处长的位置非自己莫属，最终处长的位置却花落别家，因此，你心里很不平衡，处处抱怨，日久天长，原本同情你的人们就会觉得你真的不是当处长的料。这就是现代版的祥林嫂。

当然，不仅仅在单位中有祥林嫂，在家庭生活中更是有很多祥林嫂。如今，人与人之间的关系越来越微妙，婆媳之间、翁婿之间、夫妻之间等，一旦处理不好关系，难免会有人心理不平衡，觉得自己的付出没有得到回报，由此产生怨气。生活中常见的景象是，媳妇们在一起时谈论婆婆的不好，婆婆们在一起时数落媳妇的不是。如此一来，冤冤相报何时了呢！假如我们能够以平和的心态对待生活与工作中的得失，假如我们能够以宽容的心态包容家人、朋友的缺点，那么我们的生活必将少一些抱怨与戾气，多一些美好与温情。

章明没有考上大学，不仅出乎家人意料，就连街坊四邻都跟着为他鸣冤叫屈。对此，章明自己更是心不甘情不愿。原来，高考的前一天，章明回家的时候遇到一个孩子险些被车撞了，因此，他奋不顾身地从车轮下救出了孩子，自己却因此而摔伤了。整整一夜，章明都没有合眼，因为伤口处实在太疼了。即便如此，第二天，他还是在爸妈的帮助下准时赶到考场参加了考试。结果，章明以几分之差与自己心仪的大学失之交臂。面对这样一个学雷锋的英雄，一时间，很多报纸都报道了章明的事迹，章明自己在高考失意情况下也不停地讲述自己当初救人的英雄举止。刚开始的时候，大家还对章明怀着崇敬之情，后来，随着一遍一遍讲述，人们渐渐厌烦了，报纸也不再报道章明的事迹。沉寂下来的章明困惑了，自己为了救人没有考上大学，为什么没有人帮帮自己呢？他的心里很不平衡。

后来，章明的舅舅来看望章明，看着失意的章明，舅舅说："虽然你是因为救人才受伤的，但是你未必是因为救人才高考失利的，这是两码事。假如你始终沉浸在救人的光环中不愿意出来，那么人们就会觉得你是在拿救人当成高考失意的借口。如今，你最需要做的事情就是忘记救人的英雄事迹，赶紧振作起来，认真复习，准备参加明年的高考。这才是值得人们钦佩的。"听了舅舅的话，章明恍然大悟。从此，他绝口不提救人的事情，而是一心一意地投入紧张的复习。

假如章明继续不厌其烦地诉说自己的英雄事迹，那么结果会如何呢？舅舅的话是很犀利的，但却说出了事情的真相。而章明后来的做法，才是值得人们称道的。章明是幸运的，舅舅的及时点拨使他挣脱了不平衡的心理怪圈，以更加理智和明智的态度对待现状。

脾气点播

没有人喜欢祥林嫂，因为别人的同情是最廉价也最沉重的负担。我们要挣脱一切的重负，勇敢地面对人生的坎坷和挫折。

学会倾倒心理垃圾

随着社会的发展，人们的生活节奏也越来越快。然而，在物质极大丰富以及拥有更多新鲜享受的同时，人们的内心也承担着越来越大的压力。

以前，人们的工作单位基本都是国营单位，大家几乎一辈子都是同事，因此非常和睦，很少有利益的纷争和矛盾。在市场经济活跃的今天，国营单位已经是凤毛麟角，越来越多的人走入私营企业工作。毋庸置疑的是，私营企业和国营单位是完全不同的感觉，因此，人们在工作中的压力也越来越大。市场经济讲究的是利益和效率。假如没有金刚钻，不能在竞争中脱颖而出，你就揽不到瓷器活。所以，随着收入的不断上涨，人们的生活焦虑症也越来越严重了。在这种情况下，我们一定要学会倾倒心中的垃圾，把那些工作和生活中的负面情绪及时清理掉，这样我们才能更好地面对生活，享受生活。

以前，有些人为了家庭而努力工作，回家之后又因为工作的压力愁眉苦脸，殊不知，这样的结果是得不偿失。要知道，工作的目的是更好地生活，而不是为了影响生活，更不是使生活失去乐趣。其实，现代社会有很多倾倒心理垃圾的方式，如发微博，写博客，和朋友出去唱歌，和驴友一起进行野外活动，甚至有的人心情不好了蒙头大睡一觉就会好很多。总之，我们应该根据自身的情况选择适合自己的发泄方式，及时疏导自己的不良情绪。如此一来，我们就会轻松很多，不至于为生活中无谓的小事而烦恼。

约翰有一个习惯，即每天下班前都把不高兴的情绪挂在“情绪垃圾树”上。其实，这个垃圾树只是贴在家门口的一张卡通图片，上面有一棵绿绿的枝繁叶茂的大树。刚开始的时候，约翰家门口并没有这张图。约翰在证券公司工作，每天紧张而又忙碌的工作总是使他回家之后面色凝重。有的时候，面对吵闹的孩子，约翰还会大发雷霆。后来，妻子为他“种”下了这棵树，让他在每天回家进家门之前，把烦恼挂在这棵树上。约翰刚开始对这种小儿科的做法不屑一顾，然而，当他真的试着做了一次之后，他发现自己心中的烦恼似乎真的都挂到树上了。那天，他和孩子玩得很开心，把一切工作的事情都抛到了脑后，还和妻子有了一个久违的浪漫的夜晚。从此之后，约翰每次进家门之前都会对着大树嘀嘀咕咕，把自己的烦恼一项一项地都挂到树上。渐渐地，约翰的烦恼越来越少，因为他发现真正放下之后，那些烦恼其实都是些无关紧要的事情。如今，约翰更享受的是回家之后与妻子、孩子在一起其乐融融的家庭时光。

只是一张图画，居然有如此神奇的魔力，原因在于它帮助约翰从形式上卸下了内心的负载，从而使约翰从内心也真正放下了烦恼。在生活中，每个家庭都有几个垃圾桶，我们每天都会清理家中的垃圾桶，使家里保持清洁。其实，我们的内心也有情绪垃圾桶，每天，我们都要及时地整理坏情绪，并且倾倒情绪垃圾桶。这样，我们的心灵才有足够的空间装载幸福。

脾气点播

人生就像攀登，要想使自己能够轻装前行，我们就要不停地倾倒心理垃圾。

假装高兴，你就会真的高兴起来

所谓强颜欢笑，指的是一个人内心很悲伤，但是表面上却装作若无其事的样子笑给别人看。这样一来，就可以骗过别人，不让别人发现自己内心的悲伤。其实，我们不仅可以用这种方法来骗别人，有的时候，也可以用这种方法来骗自己。也许有人会说，自己怎么能被自己骗呢？事实是，自己真的可以骗自己。细心的朋友可以发现，当你沉浸在压抑、失落或者是伤痛之中的时候，如果你能够和身边的人说说话，聊些开心的事情，那么，你的坏情绪很快就会得到缓解，甚至真的变得高兴起来。

如果你伤心的时候身边恰巧没有可以倾诉的对象，或者是你不想让别人知道你的心事，那么你也可以采取一个人高兴的方式使自己得到放松，使自己的坏情绪得到缓解。例如，你可以去购物，一个人看着琳琅满目的商品，买一两件喜欢的衣服犒劳自己；你还可以去品尝美食，在食物独特的滋味中，你会渐渐觉得生活其实很美好；如果你喜欢远足，你也可以一个人去云淡风轻的郊外，远离喧嚣的都市生活；当然，诸如潜水、骑行、游泳等，都是很不错的选择。唯一需要注意的是，在做这些事情的时候，你要假装高兴，自己骗自己说我一个人也可以很开心。如此一来，你就会真的开心起来。从本质上说，这其实是一种心理暗示，同时，还掺杂着分散注意力的原理。坏情绪不会永远跟着我们，只要你采取恰当的方式排解它们。

小诺是我们单位的文秘，尽管每天都做很多杂事，但是她却总是开开心心的，从来不见她愁眉苦脸的样子。为此，大家都亲切地叫她“开心果”。

一次，单位要裁员，小诺因为学历比较低，所以也在裁员名单之上。裁员是提前一个月公布的，大家以为小诺这次一定会愁眉苦脸的，毕竟在金融危机的影响下找工作不是那么容易。然而，出乎大家的意料，小诺第二天来上班的时候依然是笑呵呵的。大家不解，问小诺：“小诺，难道这个世界上没有什么事情能使你伤心难过吗？”小诺说：“呵呵，当然有啊，我也经常感到不开心。不过，我有法宝啊。每当我不开心的时候，我从来不打电话告诉爸爸妈妈，因为怕他们担心。但是，我会对着我的小熊倾诉，还会纵容自己去吃平时吃不到的美食。昨天知道自己要被裁员，我就对着小熊一边哭一边说，说了半天。说完了，我的肚子也饿了。于是，我装作很开心的样子去吃了麻辣香锅。我点了大虾、毛肚还有很多平时舍不得吃的东西，一个人吃得肚饱溜圆。我不停地告诉自己要开心，要不皱着眉头吃多么浪费美食啊！吃着吃着，我就真的开心起来了。我想好了，我要开一家淘宝店，这样，我就自己当老板了！”

听了小诺的话，大家也不由得替她高兴起来，七嘴八舌地说：“淘宝好啊，自己当老板，不被管，不受气！”“淘宝可是个时髦行业，干好了不比上班收入少呢，还不用起早贪黑地挤地铁！”一时间，在小诺的笑颜下，大家甚至觉得做淘宝简直是个难得的好工作！

其实，小诺刚知道自己被裁员的时候一定也是很伤心的，只不过她在对着小熊哭诉一番之后发泄了情绪，然后又假装高兴地放纵自己去吃麻辣香锅，最终就真的高兴起来了。的确，天塌下来有高个子顶着，人生没有过不去的坎，我们又何必一直和自己过不去呢？即使失去了工作，我们也可以休息一段时间再找新工作，忧愁丝毫不能解决问题。

脾气点播

伤心的时候，不如假装高兴，只要你真心地骗自己高兴，你就会真的高兴起来！

不要为过去的事情懊悔

生活中，常常看到有些人生活在后悔与懊丧之中。对于那些曾经发生的无法更改的事实，他们最常说的一句话就是：“如果——”“假如——”。殊不知，这个世界上没有卖后悔药的，无论你怎么后悔，都无法使时光逆转，更没有机会去改变曾经发生的一切。所以，不管现在的生活怎么不如意，也不管自己犯过的错误是多么荒谬，更不管你的内心充满多少悔不当初的情绪，你唯一能做的就是向前看。

假如时间能够逆转，假如生命给你机会再次作出选择，假如一切的一切都重新来过，结果也未必比现在好。任何事情都不会顺着我们的心意去发展，尽管我们把一切都想得无比美好，也无法阻挡事情朝着最恶劣的方向发展，所以，一切的假如和如果都只能停留在假想的美好阶段，永远不会成为百分之百的现实。如此想来，面对如今这难以收拾的局面，你的内心是不是平衡了一些？沉浸在对过去的懊丧之中对我们现在的生活没有任何好处，只会使我们的现状更加糟糕。

一直以来，李瑞不知道自己的生活到底是怎么了。每天，他都沉浸在后悔的情绪之中，这几乎成为他生活的常态。对于自己所做的每一件事情，当结果发生之后，他总是控制不住地想：假如当初我不那么做，而是采取另一种做法，结果一定会更加完美。正是这种想法，使李瑞对自己越来越没有信心。他怀疑自己做过的每一件事情，总是幻想着如果改变当初的选择就会迎来更完美的结果。看到李瑞的状况，家人很担心。

去年，李瑞结婚了，但是他对自己的生活百般不满意。对于李瑞的心思，妻子当然知道问题的症结在哪里。因此，在和李瑞的父母商量好之后，妻子毫无预兆地来了个人间蒸发，李瑞呢，当然也就有了机会重新选择。在妻子不在家的这段时间里，李瑞在父母的鼓励下又交往了另一个女友。刚开始的时候，李瑞还自信地以为自己一定能够避开之前出现的问题，找到一个完美的女友，组建一个绝对幸福的家庭。然而，事实证明他错了。他渐渐发现，现在的女友虽然比妻子更年轻美丽，而且也更善于和他玩浪漫，但是她却不会做家务，也不懂得孝敬老人。李瑞后悔了，他后悔自己对妻子不满意，失去了一个很好的妻子。看到李瑞真的悔改了，父母赶紧语重心长地对李瑞进行了一番教育，并且偷偷地通知李瑞的妻子制造偶然的机会回到李瑞的身边。这次，李瑞再也不怀疑自己的选择了，他非常珍惜重新回家的妻子。

即使再次选择，也未必能够得到更好的结果。只有意识到这一点，我们才能坦然面对自己现在的生活，才能从容应付生活中发生的一切问题。生活在无尽的懊丧中，只会使我们现在的生活更糟糕，而无法对我们曾经的选择起到任何的改善和弥补作用。事例中，假如不是李瑞的妻子给了他再次选择的机会让他认识到自己曾经的选择并没有那么糟糕，那么，他也许将真正地失去妻子的谅解。

其实，不仅李瑞如此，生活中，即使我们没有机会重新选择，验证自己所面对的一切并没有那么糟糕，我们也应该理智地挣脱懊悔的泥沼，给自己更多的信心和希望面对此时此刻的一切。

脾气点播

懊悔于事无补，重要的是勇敢地面对。任何时候，人们都不可能如意，所需要的是争取。

遇到不平，要敢于“鸣”

尽管我们提倡忍让，但是忍让却不是无限度的。无限度的忍让是怯懦，是对别人的纵容，是一种放弃原则的退步。生活中，并非事事都是公平的，当遭遇不公平的时候，假如不是原则性问题，我们可以一笑了之，然而，假如是原则性问题，我们就应该勇敢地为自己争取权益。毕竟，人们不可能做到与世无争。

常言道，人善被人欺，马善被人骑。尽管我们不应该欺负别人，却也不能毫无原则地被别人欺负。有些人就是喜欢欺负别人，假如他看到你很好欺负，那么他就会接二连三地欺负你。要想在社会上立足，除了宽以待人之外，我们也应该坚持自己的原则，坚决维护自己的权益。如今，很多人越来越怯懦，因为不敢得罪领导，所以处处忍让；因为害怕得罪别人，所以成了一个人人欺负的老好人；因为没有原则，渐渐失去自我，做了很多努力，却依然一事无成。事情讲究一个理，虽然我们不提倡得理不饶人，但是有的时候是需要我们据理力争的。假如人人遇到不平都不敢“鸣”，那么这个社会还有什么公正可言呢！

大李和小李是一起进公司的大学毕业生，因为都姓李，又因为一个长得高大威猛，一个长得很瘦小，所以得名“大李”和“小李”。大李虽然个子很大，但是心眼很实在；小李虽然身材瘦小，但是心眼很多。因为是同一时期进公司的，又都想在领导面前好好表现，所以大李和小李之间始终较着一股劲。

一次，领导让大李和小李一起完成一个课题，并分别写出自己的报告。为了得到一手的真实的数据，大李整整两个月一有时间就去进行市场调研。而小李呢，只是偶尔去调研，大部分时间都在闭门造车。眼看两个月的期限马上就要到了，一天，小李笑着问大李：“大李，你的报告写完了吗？拜读一下呗！”虽然大李很犹豫，但是看着小李笑盈盈的模样，他还是不好意思拒绝。谁知道，第二天的报告会上，小李抢先大李递交了自己的报告，而报告上所列举的很多数据都是大李磨破鞋底才调查出来的。看着眼冒贼光的小李，大李气坏了。正在小李扬扬得意时，大李提醒领导说：“领导，小李的数据如此精确，让他说说是从哪里调研来的呗，我们也学习一下！”领导一听，觉得大李的话很有道理。见此情形，小李瞠目结舌。此时，大李站起来，把自己的报告呈现上去，一五一十地讲述了自己是从哪些市场得到的这些数据，以及这些数据的合理性和代表意义。

面对小李的剽窃，大李虽然心眼实在，但是却没有姑息，更没有让自己的满腔心血付之东流。他瞅准时机，精确到位地阐述了这些得之不易的数据，想必领导不用问也知道是怎么回事了。

脾气点播

在自己的利益受到别人的恶意侵犯时，我们必须敢于“鸣”，这不仅是为自己争取利益，也是为了维护公平公正的原则。

不要为“情绪包袱”所累

人生就像登山，每个人都在攀登的过程之中。既然是登山，就要背负一定的行李，假如所带的不够充足，在遇到突发状况的时候就无法应对。相反，假如所带太多，那么在登山的过程中又难免觉得劳累。因此，每个人都应该及时地整理自己的行囊，该放进去的放进去，该丢弃的丢弃。这样，才能做到适度负重，轻松前行。

那么，在人生的旅程中，哪些是我们应该保留，而哪些又是应该丢弃的呢？那些美好的回忆能够给我们很多力量和勇气，是值得我们保留的；相反，那些负面的情绪却总是使我们觉得不堪重负，这时，就应该果断地丢弃。人生路上，假如我们背负了太多的“情绪包袱”，那么，即使身轻无一物，我们也无法轻松上阵。

曹晖出身于一个普通的工人家庭，大学毕业后，他被分配到街道办事处工作。就在他觉得生活没有希望的时候，他的大学同学姚瑶向他伸出了橄榄枝。原来，姚瑶在大学期间就暗恋曹晖，只不过曹晖当时一心想要好好学习，每天不是自习室就是图书馆，根本无心谈恋爱。想到姚瑶的父亲是部队的首长，再加上自己也不讨厌姚瑶，曹晖动心了。很快，在他们确定恋爱关系后，姚瑶就打着父亲的旗号把曹晖调入了国家机关。

看着自己的一步登天，曹晖心里既高兴，又有点儿担心。他是有能力的，他很想凭借自己的实力打拼，然而，在那个街道办事处整日和老大妈打交道，他根本看不到前途进入国家机关工作当然是好的。从第一天开始，曹晖就发誓要凭借自己的努力改变人们对于他凭借裙带关系晋升的印象。很快，那些对曹晖不服气的同事看到了曹晖的能力，曹晖用心写的一篇调研报告甚至上了中央的内参。然而，七八年过去了，曹晖始终没有忘记自己是如何进入单位的。老领导语重心长地对曹晖说：“其实，我很理解你，你始终没有忘记自己是如何进来的，所以，这么多年来你一直背负着沉重的‘情绪包袱’，导致自己活得很累。假如你能够放下包袱，不管是工作还是生活，你肯定会活得更好！”

俗话说，英雄不问来路。对于曹晖而言，尽管他已经通过努力让人们认识到了他的真正实力，那些曾经说他闲话的同事也都认可了他的实力，但是他自己却始终没有放下沉重的“情绪包袱”。生活中，人们难免会因为各种各样的事情而求助于别人，当我们以实力证明自己之后，就不应该再纠缠于那些细枝末节。原来，迈不过的门槛不在别人那里，而在我们的心里。

脾气点播

人生需要减负，我们没有必要把每一件微不足道的小事都牢记心上。

你所担忧的事情十之八九不会发生

很多时候，我们会为一些还没有发生的事情担忧。殊不知，那些我们所担忧的事情十有八九是不会发生的。例如，有些人大学还没毕业，就开始发愁毕业后找不到工作，其实，对于在校大学生而言，最重要的是认真地对待眼前的学习生活，为自己将来的就业打下坚实的基础；再如，有些人工作上春风得意，就开始为将来的晋升担忧，担心自己没有背景，其实，只要脚踏实地地做好自己手里的工作，领导自然能够看到你的才能……甚至还有人为地震担忧，生怕自己居住的地方哪一天突发地震。尽管生活中的有些事情我们是可以做到未雨绸缪的，但是有些事情却是无法打算的。例如，天灾人祸向来没有预报，更毫无征兆，一旦发生，我们只能选择坚强地面对。提前的担忧除了使我们更长时间地陷入焦虑之中外，对我们的生活没有任何好处。

尽管我们说生活要着眼于未来，但是却不能一味地陷入对未来的担忧和恐惧中。我们应该充满希望地憧憬未来，而不要满怀焦虑地恐惧未来的到来。人生看似漫长，其实无外乎三段，一是已经发生的，二是正在发生的，三是还没有发生的。我们既没有必要为已经发生的事情懊恼，因为时光不可能倒流，也没有必要为还没有发生的事情焦虑，因为未来充满了变数，我们唯一要做的就是把握现在。只要好好地把握现在，未来才会更加确定，更加美好。

自从单位说要竞聘副局长之后，王强就陷入了担忧之中。论实力，他丝毫不逊色于人；论资历，他在机关已经工作将近十年了；论文凭，他也不低。总之，王强之前是很有把握竞聘上副局长的。然而，现在情况不一样了，单位突然从基层调来了一个工作经验丰富的人担任处长的职务，最要命的是，这个人还是王强的大学同学。他不仅具有王强所有的优势，而且业绩比王强更加突出。自从面临和大学同学同台竞争，王强心中就渐渐失了底气。

王强的岳父是单位以前的老部长，在此千钧一发之际，王强很想让岳父帮自己一把。然而，岳父为人正直，坚信组织上一定会作出正确的选择，因此拒绝帮助王强。为此，王强甚至和岳父大吵了一架。面对沉不住气的王强，岳父失望极了，更加坚定了自己不插手此事的决心，而且还叮嘱单位的领导再历练历练王强。其实，假如王强能够沉住气，鹿死谁手还不一定呢。如今，岳父的叮咛显然起了反作用。最终，王强败给了老同学。面对这样的情形，岳父语重心长地对王强说："假如你能够沉住气，不要为还没有成为定局的事情慌乱，也许结果就会不同。"

生活总是喜欢和我们开玩笑，面对这样一个接一个的玩笑，我们是选择歇斯底里呢，还是选择淡然以对？歇斯底里并不能帮助我们挽回局面，甚至还会使事情更糟糕。聪明的人从来不会在失意的时候招人笑柄，而是谈笑风生，淡然以对。

脾气点播

记住：你所担心的事情十之八九不会发生，所以，不要为还没发生的事情担忧，更不要为没有成为定局的事情失去沉着的气质。

不要让焦虑影响自己的生活

生活中，每个人都难免遭遇挫折坎坷，每当这个时候，我们的心情难免压抑烦闷，甚至还会陷入焦虑之中。那么，我们应该如何排解自己焦虑的情绪呢？如果被焦虑所困扰，我们的生活就会受到很大的影响，甚至还会陷入恶性循环。其实，最简单的方法就是为自己的焦虑定一个"止损点"。炒股的朋友也许对"止损点"这个名词很熟悉，确实，很多精通炒股的人都知道为自己定一个止损点。所谓止损点，意思就是在买入一只股票的时候就想好一旦股票下跌到一定程度，那么就立即抛出，如此一来，我们的损失就会到此为止，不会再继续下去。人的情绪也是如此，我们不应该为一件事情无限度地焦虑，而应该为自己制定一个限度。假如超过这个限度，那么我们就不要再焦虑了，因为焦虑非但于事无补，还会使事情更糟糕。不管遇到什么事情，最好的解决办法都是理智冷静地思考问题，彻底地解决问题，而不是一味地焦虑。

焦虑，对我们的身体有很大的坏处。医学研究显示，焦虑不仅严重影响人们的心情，使人们感到心慌、心悸、不安等，也会影响人们的身体健康，诸如高血压、偏头痛等疾病，很多都是由于长期的无限度的焦虑引起的。为自己的焦虑定一个“止损点”，不仅可以帮助你合理地发泄自己的情绪，还可以帮助你更好地控制自己的情绪，保持身体的健康状态。

曾经，老汪是一个特别焦虑的人。例如，他带初中三年级毕业班的时候，不止一次地因为学生的成绩而焦虑不已，甚至彻夜不眠。为此，在那紧张的一年，老汪甚至患了神经衰弱，每天都要依靠安眠药的作用才能顺利入睡。熬过这漫长的一年之后，老汪不得不请求校领导别再让他带初三毕业班了，压力太大了。当然，生活中使老汪焦虑的事情远远不止工作，很多家庭中的琐事也会引起老汪的焦虑。终于，在得知自己的孩子没有考上大学后，老汪倒下了。

老汪被人们七手八脚地送到了医院，医生给他进行了全面的身体检查，结果显示老汪没有任何器质性的毛病，他之所以身体状况如此差，就是精神上的紧张和焦虑在捣鬼。老汪不得不去疗养院，过着与世隔绝没有烦恼的生活。在这一个月之中，妻子还带他看了好几次心理医生。在心理医生的开导和疏通下，老汪终于意识到自己这样总是陷入焦虑之中是有害无益的，同时，他也在医生的指导下学会了为自己的焦虑叫停。经过一段时间的疗养，老汪再也不凡事都忧虑了，他的心胸变得开阔起来。

焦虑对人们生活的影响是巨大的。因为焦虑，人们总是不由自主地陷入悲观绝望的情绪之中；因为焦虑，人们的身体也在承受着巨大的压力；因为焦虑，天空似乎也变得黯淡起来。总之，如果没有焦虑的影响，生活会更加充满阳光。

脾气点播

焦虑不是生活的目的，不要为还没有发生的事情忧愁，更不要为已经发生的事情焦虑。

第10章

浮躁忙乱没好气——静心才能更顺意

无论是为人还是处世，如果沾染了浮躁，不但解决不了问题，还会陷入盲区。所以我们一定要认识到浮躁的危害，注意时时反省自己，用平常心对待周围的人和事。学会让自己的身心都处于一种宁静祥和的状态，这样才能顺心顺意，生活快乐幸福。

学会欣赏自己

因为命运的赐予，这个世界上有了一个独一无二的你。在这个世界上，命运对我们最大的赐予就是我们自己。尽管上帝在造人的时候难免会开小差，一不留神把有的人弄得不够完美，但是这丝毫不应该影响我们爱自己。试想，假如一个人连自己都不能接纳和欣赏，那么他还如何面对有着种种缺点和瑕疵的他人呢？所以，每个人首先要做的事情就是爱自己，欣赏自己。

一个人如果不爱自己，不欣赏自己，那他就不是一个有自信的人。而如果没有自信，人们就无法勇敢地面对这个世界。所以，无论如何，无论我们对自己怎么不满意，我们都要看到自己的优点和长处，看到自己的与众不同，宽容地接纳自己，勇敢地爱自己，永远不要放弃自己。只有这样，我们才无愧于自己的人生。

玛丽一直很自卑，因为她觉得自己长得太胖了。从还是个小姑娘开始，玛丽就把减肥作为自己毕生的事业。为此，她尝试了各种各样的方法，如运动、节食、瑜伽、吃药等，她甚至还尝试了针灸。然而，这一切都对她的肥胖毫无用处。对此，玛丽简直绝望了。后来，玛丽结婚了，有了孩子，体重比之前更重了，她也更加烦恼了。在一次意外怀孕后，玛丽决定终止妊娠。婆婆不理解地问："你不喜欢孩子吗？有两个孩子不是很好吗？"玛丽回答说："我当然也想有两个孩子，可生育和养育孩子会使我变得更胖。"听到这个回答，婆婆笑了，她语重心长地说："并不是所有的男人都喜欢纤瘦的女子，我儿子爱上你的时候你已经是个胖姑娘了。你看，每次体检你的各项身体指标都很正常，胖一些并没有给你带来病患，既然如此，胖就是自然的，你又为什么要如此抗拒呢？我一生养育了六个孩子，但是我从来没有要求他们一定要怎么样。我总是告诉他们，做你自己，爱你自己，欣赏你自己，这就足够了。假如你因为胖而不肯爱自己，欣赏自己，那么幸福就会离你远去！”

听了婆婆的话，玛丽恍然大悟。的确，她的胖是自然的常态，而不是病态，她为什么要因为胖而苦恼不已呢？相反，大家还都很喜欢她。假如她能够不为自己的胖而忧虑，一定会变成一个更开心更快乐的妈妈！

胖不是过错，所以，我们无须为胖而感到自卑。胖不是病态，所以我们无须怀着与疾病抗争的决心去和自己的常态做斗争。每个人都有不如意的地方，假如连自己都不能接受，我们还能接受什么呢？事例中的玛丽在婆婆的启发下恍然大悟，如果你也正在因为自己的某些瑕疵而烦恼，是不是也应该顿悟呢？除了些许的缺点和瑕疵之外，你还有很多优点，所以你完全没有必要为了自己的瑕疵而烦恼。

脾气点播

每一个人，都要接纳自己，热爱自己，欣赏自己。

与人相处，有容乃大

人与人之间相处，最重要的是什么？相信很多人都曾经被这个问题困扰。他们觉得自己付出了很多，做了很多，也尽了全力，但是身边却没有朋友，没有知己。这是为什么呢？究其原因，是因为他们在自己付出的同时也要对方付出同样多，在自己尽力的同时要求对方也和自己一样尽力。当对方达不到他们的要求时，他们就会觉得自己的付出没有得到应有的回应，由此产生心理不平衡，友谊也戛然而止。其实，真正的友谊是不在乎付出与回报是否对等的，因为真正的朋友知道为他人着想，知道谅解对方的苦衷。虽然明知道对方付出的没有自己多，但是却能设身处地地了解对方的苦衷而不计较得失，包容对方，这才是真正的友谊。

除此之外，我们还要了解人性的弱点。在这个世界上，没有人敢拍着胸脯说自己没有任何缺点，从来不会犯任何错误，否则，这个人一定是狂妄自大者。其实，每个人都有缺点，每个人都会犯错误。因此，在与他人相处的时候，我们还要学会包容他人的缺点，在对方不小心犯错的时候，我们更是要给对方改正的机会。因为，在他身上发生的也同样会在你身上发生。总而言之，与人相处，有容乃大。只有宽容别人的处境、缺点和错误，我们才能更好地与人相处，我们的身边才会有更多的朋友。

很久以前，齐国的管仲和鲍叔牙是好朋友。年轻时，管仲家境贫寒，还要赡养老母，为了帮助管仲，鲍叔牙邀请管仲和他一起做生意。考虑到管仲缺钱，因此鲍叔牙主动拿出了所有的本钱。然而，赚钱之后，鲍叔牙却把大多数的利润都分给了管仲。对此，鲍叔牙的仆人很不理解，对鲍叔牙说："这个管仲几乎没拿什么本钱，但是却分到了比您多得多的利润。"听到仆人的话，鲍叔牙说："你可别这么说！管仲家境贫寒，还有老母亲需要赡养，是我主动让他多拿一些的。"

后来，管仲和鲍叔牙一起参军了。每次与敌对战，管仲都非常胆小地躲在后面；每次撤退，他比谁都跑得快。见此情形，其他战友都骂管仲是个贪生怕死之辈，鲍叔牙却为管仲辩解说："你们都误解管仲了，他家有老母无人照料，根本不是怕死！"后来，管仲从别人口中听到了鲍叔牙为自己的辩解，感慨地说："生我者父母，知我者鲍叔牙。"

若干年后，齐国的国君去世，昏庸无能的公子诸登上了王位。鲍叔牙预料到齐国肯定会发生内乱，因此抢先带着公子小白逃到了莒国，而管仲则带着公子纠逃到了鲁国。没多久，齐王在战乱中被杀死，齐国内乱，为了让公子纠登上王位，管仲设计杀害小白。然而，因为腰带挡住了箭，小白非但没死，反而与鲍叔牙抢先于管仲和纠回到齐国登基。小白想封鲍叔牙当宰相，但是鲍叔牙却推荐管仲为宰相。为此，鲍叔牙还让小白不要计较管仲的一箭之仇，而大力推荐管仲。后来，在鲍叔牙的力荐下，小白果真让管仲当了宰相，管仲也不负众望，辅佐小白把齐国治理得越来越强盛。

鲍叔牙对于管仲的友谊千百年来传为美谈，每当要形容真挚的友谊，人们就以“管鲍之交”称呼。的确，鲍叔牙对管仲有着莫大的包容，对于管仲的很多不为人赞的举止，鲍叔牙都能够体谅管仲的初衷。正是因为如此，他们的友谊才能天长地久。

脾气点播

尽管不是每一对朋友都能够成为“管鲍之交”，但是在日常生活中，在与人相处的时候，我们也还是需要宽容地对待他人。在这个世界上，没有什么是值得我们斤斤计较的，唯有真情是值得我们用心呵护的。

改变世界，先改变自己

生活中，很多人抱怨连天，不是抱怨工作不顺心，就是抱怨命运不公平。这样的人，永远无法拥有幸福的生活，因为他们有一颗不幸福的心。而有些人呢，他们总是充满感激，感激花开，感激阳光，感激雨露，感激出现在自己生命中的一切人和事。这样的人，不管生活多么坎坷，他们都能够感受到幸福，因为他们有一颗幸福的心。

学过唯物辩证主义的人都知道，凡事都有两面性，既有利，又有弊。一件事情，再怎么完美，也不可能对方方面面都有利；一个人，再怎么好，也会有一些缺点和瑕疵。所以，要想使世界变得无比美好，改变外物肯定是行不通的，我们唯一能做的就是先改变自己。只有我们改变了自己的心，使自己拥有一双发现美的眼睛，我们所看到的世界才会更加美好。法国著名雕塑家罗丹曾经说过，“世界上并不缺少美，而是缺少发现美的眼睛。”我们要说，世界上并不缺少幸福，缺少的是感受到幸福的心。没有人的生活是顺心如意的，因为人生就是由很多的不如意组成的。所以，我们要学会乐观地看待那些不如意，乐观地看待生活。

不得不说，李英原本是一个特别小心眼，特别吹毛求疵的人。她不仅对自己要求很高，而且用更高的要求来对待身边的朋友。一旦有了利益的纠纷，她虽然不占别人的便宜，却总是锱铢必较，寸步不让。如此一来，李英生活得很苦恼，因此，她总是在抱怨。也许是因为焦虑，也许是因为担忧，李英刚四十岁就得了乳腺癌。这给了她很大的打击，为了活下去，她听从医生的建议，不仅做了乳腺切除手术，还积极地进行化疗。当然，医生也再三叮嘱她生活中一定要放宽心，宽以待己，宽以待人，千万不要斤斤计较，更不要因为无谓的小事情而担忧。

常言道，江山易改，禀性难移。对于李英来说，改变自己的过程和治疗的过程同样痛苦。然而，为了活下去，为了看着孩子健康地成长，她必须改变。也许是疾病让李英彻悟，也许是病痛的折磨使李英没有多余的精力再去计较，朋友们惊讶地发现战胜病魔之后的李英简直像变了一个人。她不再怨天尤人，每天都对身边的人笑脸相迎。即使大家有什么缺点，甚至有人恶作剧地惹李英生气，她也都一笑置之。当朋友们问起的时候，李英说："以前我总是抱怨，觉得自己的付出没有得到回报，如今我想通了，从病魔手中死里逃生，我再活每一天都是白赚的。如此想来，我还有什么可抱怨的呢，受到伤害也是命运赐予我的机会啊！"

心态改变了，李英看待世界的眼光完全变了。假如我们也能把有生的每一天都看成命运的赐予，那么我们还会用这无比珍贵的有限的生命去抱怨吗？未必人人都有李英的好运气从病魔手中死里逃生，所以，我们应该在健康的时候换一种心态看世界，这样，我们才能拥有更加美好的生活。

脾气点播

心若改变，世界也随之改变！

宁静的心使你能感受幸福

如今的大城市，到处都充斥着熙熙攘攘的人群和喧哗的吵闹声，这一切使人们已经没有时间和机会静下来听听自己内心的声音了。每天，我们为了金钱，为了名利，为了拥有更好的生活而奔波在城市的各个角落。入夜，当一切喧嚣都回归平静，我们却在睡梦中重复着白天的刺激与新鲜，我们奔跑、欢笑、哭号，唯独缺少一个安然无梦的睡眠。我们还能感受到幸福吗？大多数人给出的答案都是："生活太忙碌了""每天都觉得很累""不知道活着是为了什么"……所有的这些困惑，都因为我们失去了宁静的心。

假如心迷失了方向，我们又如何知道什么才是我们想要的幸福呢？心，是人生的引航灯，即使再怎么忙碌、劳累，我们也要保持心的清明和宁静。累了，就歇歇，问问自己如此劳累是为了什么；忙了，就闲闲，问问自己如此马不停蹄到底在追求什么；困惑了，就扪心自问，这一切的一切是你想要的吗？即使外界再怎么纷扰，只有内心保持宁静，我们才能真正感受到幸福的滋味。其实，幸福不是有很多很多的钱，也不是身居高位的权势，更不是大房子、豪华汽车，幸福是你内心深处倾听到的声音，有清晨静静花开的声音，有傍晚长河落日的声音，有一家人在一起开怀大笑的声音，有简简单单、平平淡淡的锅碗瓢盆的声音。如果你能听到这一切，你就能够感受到真正的幸福。

很久以来，紫萱都没有再感受到幸福的滋味，尽管她如今有了大房子、好车。曾经，紫萱以为自己生活的目标就是这些，这些就是幸福的指标，如今真正拥有了，紫萱才发现这一切带给自己的都是空虚，更加深度和无望的空虚，生活甚至比贫穷的时候更苍白，至少穷的时候还有目标。

紫萱是一个下海经商的女强人，曾经，她不满足于老公每天讲课的清贫，因此毅然和老公离了婚，同时放弃了三岁的女儿，一个人来到海南打拼。如今，回忆起曾经那个只有两间平房的家，紫萱的心中居然充满了无限的感动和向往。住着大别墅的她，面对着空荡荡的房子，无限地期望着家。紫萱偷偷地回到自己曾经一刻都不想停留的小城市，回到了丈夫工作的学校，回到了学校分给他们的两间平房——紫萱曾经的家，看到丈夫正在做饭，屋内是缭绕的热气，散发出蛋炒饭的香气。吃惯了山珍海味的紫萱突然很渴望能够吃到一碗丈夫做的蛋炒饭，因为那是家的味道，远非其他的美味可比。然而，紫萱不知道这里还能不能称之为自己的家。紫萱在家门外徘徊了整整三天，看着女儿每天清晨笑靥如花地和丈夫告别去上学，看着丈夫每天夹着课本和教案进进出出，听着日落黄昏家中传出的欢声笑语。紫萱突然知道了什么才是真正的幸福。她毅然回到海南，处理了公司和自己所有的财产，回到了这个默默无闻的小城。她要祈求丈夫和女儿的谅解，回到这个能让她听到幸福声音的家！

幸福和金钱物质无关，相反，金钱和物质的极大丰富却会使我们的心迷失方向，失去宁静，因为再也感受不到幸福的滋味。幸福，不喜欢热闹，是需要每个人静静地用心体会的。我们每个人都曾经追求很多东西，却不要忘记，幸福住在你的内心深处。

脾气点播

不管你身在何处，也不管你是贫穷还是富有，要想拥有幸福，最重要的就是要拥有宁静的心。

冷静与自信的人才是真正的强者

在面对纷繁复杂的世间百态的时候，很多人都难以做到真正的冷静。即使我们心里不停地告诫自己要控制住怒气，却依然很容易被愤怒冲昏头脑，随着理智的丧失而做出很多歇斯底里的事情。殊不知，这样的表现丝毫不能改变事情的现状，而只会使一切变得更糟。从某种意义上说，冷静与自信是成正比的。往往是那些缺乏自信的人在面对事情的时候无法冷静处理，相反，真正自信的人，他们对一切都成竹在胸，因此，即使面对即将失控的事态，也依然能够从容以对，毫不畏惧。

生活中，几乎每个人都想成为强者。有些人以为有了权势就是强者，有些人以为有了足够的金钱就能号令天下，有些人以为有贵人相助就一切都不怕，还有些人以为真正的强者是孔武有力，其实，这些人都不是强者。他们只有表面意义上的本钱，却没有发自心底的底气。真正的强者，即使身陷囹圄也毫不畏惧，即使面对无法控制的事态也毫不慌张，他们时时刻刻保持着自信和冷静，他们不惧怕别人，更不惧怕自己的弱点，因为他们已经战胜了最大的敌人——自己。他们，是真正的强者。对于人生，相信很多人都知道自信的魔力，自信几乎是我们打开一切之门的金钥匙。没有自信，我们无法从容地面对自己，会变得更加怯懦；没有自信，我们无法冷静地面对外界的人和事，会变得手足无措；没有自信，我们就无法创造奇迹，为自己打开一扇扇通往未来的门。只有有了自信，我们才会更冷静，更从容，更淡定。那么，自信来自哪里呢？来自我们内心的力量。

看着被大火吞噬得只剩下灰烬的工厂，黎明的心里简直像是打翻了五味瓶。这些年来的心血，随着这样一场突如其来的大火，就这样消失得无影无踪了。甚至有一刻，黎明简直怀疑曾经的一切都只是一场梦。他很想倒下，然而，想到自己曾经艰难的奋斗，他告诉自己：你不能倒下，你是家里的顶梁柱，一旦倒下，一切都完了。而现在，至少还有你站立着，是一切重新开始的希望！

黎明的企业是区里扶持的重点单位，看着这样一个标杆性的民营企业在大火中转眼消失，区领导很快赶到了现场。原本，领导们以为黎明肯定会被打击得一蹶不振，却惊讶地看到黎明在燃烧后的土地上依然绽放着冷静和自信的笑容。转瞬间，区领导也恢复了信心，他们相信，只要给黎明适当的扶持与便利条件，这个坚强而又自信的人很快就能够重新站起来。

原本还对黎明充满担忧的区领导放心了，他们当即决定把一大笔款贷给黎明，让他东山再起。

黎明是一个真正的强者，也是一个很聪明的人。在大灾之中，他不是满目绝望，而是想到了只要自己屹立不倒，就是所有的希望。正是因为看到黎明冷静与自信的表现，重建了区领导的信心，使区领导决定把款贷给他，让他重整旗鼓。试想，假如黎明一蹶不振，该是一番怎样的景象？

不管什么时候，人都是根本。只要人的心中充满希望和坚定的信念，就总有一天能够重整旗鼓，东山再起。

脾气点播

只要我们相信自己，就没有什么能够将我们打倒的。

聪明人会装“糊涂”

很多时候，我们自以为聪明，把一切都看透说透。殊不知，真正的聪明人是会装“糊涂”的人，他们从来不轻易地揭开一件事情的面纱，甚至还会装糊涂，给别人留下脸面和尊严，给事情留下缓和的余地。

在数学领域，有模糊数学的概念，在为人处世的时候，人们尊重糊涂哲学。清乾隆年间，扬州八怪之一郑板桥就留下了“难得糊涂”的墨迹，从此以后，后人更是把难得糊涂作为处世的圣经。当然，所谓的难得糊涂分为两种，一种是真糊涂，天地皆醒我独醉，倒也不失为一种境界，并非是人人都能够达到的。还有一种就是咱们所说的装“糊涂”。可别小看这装“糊涂”，要想装得恰到好处，装得别人浑然不觉，需要装糊涂的人有着至高的灵性和悟性。一旦装不到位，非但会弄巧成拙，延误时机，甚至有可能导致事情变得更加糟糕。因此，假如你做不到真糊涂，就要首先使自己变得聪明起来，以便能够很好地装“糊涂”。

对于丈母娘的几番挤对，兆麟都装作懵懂不知。原来，兆麟是一个贫民子弟，但是他的女友却是来自富裕家庭的独生女。尽管兆麟和女友情比金坚，但是在面见丈母娘的时候，丈母娘还是不由得发出了异议。对此，兆麟知道即使自己现在再怎么说自己有能力，能给女友幸福的生活，都是丝毫没有说服力的。但是，他又不愿意放弃在大学中一见钟情、相恋四年的女友，因此，他唯一能够采取的对策就是装糊涂。当然，与此同时，他也在找机会证明自己，以自己的真正实力向丈母娘证实自己是能够配得上女友的。

大学毕业后，女友进了家族企业工作，虽然丈母娘不太满意兆麟的条件，但是看到信心坚定的女儿，她不得不同意让兆麟也进入家族企业，从底层做起。对于这个难得的机会，兆麟毫不犹豫地放弃了。他过五关斩六将，进入一家知名企业担任一个毫不起眼的小员工，因为他坚信自己一定能够凭借努力和实力证实自己。经过几年的努力，兆麟果然做出了骄人的成绩。此时，丈母娘是真心诚意地邀请兆麟来自己的公司，回忆起丈母娘几年前毫不留情地挤对，兆麟再次选择了装糊涂。他很高兴地应邀加入丈母娘的家族企业，并且决心以更加出色的表现得到丈母娘的认可。

生活中，很多人都受不得委屈，即使是以爱的名义。兆麟显然没有这么做，面对丈母娘的挤对，他收起了自己的自尊，放低姿态，缓和与丈母娘之间的关系。又在丈母娘的施舍行为面前再次装糊涂，凭实力进入一家知名企业做出了骄人的成绩。当得到丈母娘的认可时，兆麟不计前嫌，借机进入丈母娘的公司，准备以更加出色的表现得到丈母娘更大的认可。如此一来，兆麟与女友的爱情是一定能够得到丈母娘发自内心的祝福的。

很多时候，说得好听不如做得好看，兆麟正是选择了后一种方式。假如兆麟始终与丈母娘针尖对麦芒，那么他很有可能永远也得不到丈母娘的认可，他和女友的婚姻也就得不到丈母娘真心祝福。聪明人会像兆麟一样装“糊涂”，这样才能给自己赢得更多的时间和机会证明自己的能力。

脾气点播

看破不说破，透彻了却依然装糊涂，这才是聪明人的处世之道。

锋芒毕露，不如藏锋露拙

在生活中，很多人以狼自喻，因为他们觉得狼是凶狠的动物，是无往不胜的。他们很喜欢表现自己的才华，一有机会，就展示自己，即使没有机会，也要找机会炫耀自己。殊不知，真正厉害的人是那些不动声色的人，他们从不喜怒形于色，更不会轻易地展示自己的实力。然而，一旦到了关键时刻，他们就会全力拼搏，一举得胜，为自己争取更多的利益。这种人的出击往往是出人意料的，使人感到无从应对。

自古以来，人们就常说要低调做人，高调做事。所谓低调做人，是指在做人做事的过程中藏锋露拙，大智若愚。而有些人则恰恰相反，他们总是锋芒毕露，从不掩饰自己的才华，导致别人对他们的底牌了解得一清二楚。常言道，知己知彼，百战不殆。做人恰如打牌，假如一个人连底牌都被别人摸得清清楚楚，那他还靠什么去争取成功的机会呢？聪明人从不把自己完全展示出来，总要有些不为人知的秘密武器，才能在关键时刻扭转战机吧！

读大学期间，杨华简直是所有女生心目中的白马王子。他家就是本地的，因此，老师也对他另眼相看。杨华大二就加入了学生会，担任宣传部长，每天在学校举办的各项活动中抛头露面，可谓是个不折不扣的知名人士。学生留校是有名额的，自负的杨华原本以为这个名额非自己莫属，然而，他却不知道其他同学也在暗暗使劲呢！

大四毕业前夕，学校突然宣布平日里不起眼的范新强留校，这让杨华大受打击。要知道，范新强是个地地道道的农村土包子，从来没有参加过什么公开的活动，见到女生就脸红。这样的人，如何留校当辅导员呢？杨华不甘心，去找班主任了解情况。班主任对杨华说："你呀，每天只知道活跃在学校的各个舞台上，却不知道范新强已经在这两年中发表了几十篇论文了，他发表的论文甚至比一些在职老师的论文更有含金量。对于这样一个人才，学校怎么会轻易放走呢？其实，范新强已经考取了另外一所知名高校的研究生，为了留住范新强，学校还破格准许他在职读研呢！"听了老师的话，杨华目瞪口呆。他知道范新强平日里喜欢写点儿豆腐块，却没有想到范新强做出了这么大的成绩。对此，杨华还能说些什么呢？他的底牌被人看得一清二楚，但是他对范新强可是丝毫都不了解啊，怎么能够竞争得过范新强呢！

杨华留校，说白了只能当个辅导员，做做学生工作，而范新强却是学校作为科研人才特意争取到的。其实，范新强胜就胜在他是在打一场有准备的仗，而杨华却根本没把范新强作为自己的竞争对手看待。假如杨华能够早些藏锋露拙，了解了解别人的强项，也许能够改变局面！

脾气点播

不要打无准备之仗。你了解别人越多，别人了解你越少，你才有更大的机会在竞争中获胜！

与世无争是大智慧

活在这个喧嚣的世界上，我们想要得到的太多。例如，我们拥有了健康的身体，便想得到更多的财富；当我们变得富裕了，我们还想要受人敬仰的社会地位；当财富权势都得到了，看着渐渐老去的容颜，我们希望自己能够永葆年轻；即使拥有了年轻，我们还想要爱情、激情；当一切都得到满足了，我们发现自己老了，于是，我们想让时间逆转，重回年轻。

而这一切的一切，假如我们的身体不健康，便会成为浮云，在生老病死面前，我们唯一想要的就是健康。然而，等我们真正明白了这些道理，我们已经没有时间去改变了。总之，我们的欲望太强，我们想要得到的太多。大部分人的生命被消耗在这些无谓的事情上，直到生命的最后一刻才知道自己真正想要的是什么。

其实，人生所需要的东西很简单，那就是健康和快乐。科学研究证实，健康和快乐与金钱和物质无关。很久以前，人们就说过，金钱买得来床铺，买不来睡眠；金钱买得来房屋，买不来家；金钱买得来婚姻，买不来爱情。当看清楚这一切的时候，人们才能够对人世间一切浮华的事物放平心态。试问，当为了金钱、物质、名利而导致自己的身体过度疲劳、日渐衰微的时候，这一切值得吗？人们肯定会说不值得。但是，当身体健康的时候，人们却都争先恐后地去抢夺这些虚无缥缈的东西。其实，真正的大智慧不是去争取这些东西，而是放平心态，与世无争。

小吉被所有的同事认为是最傻的人，原因是他明明板上钉钉地能够当上车间主任，但是他却主动拱手让给了竞争对手王宝。原来，王宝的老母亲瘫痪在床，妻子又刚刚下岗，对于王宝来说，车间主任每个月三百多的岗位津贴是雪中送炭。而小吉呢？尽管他的家庭条件也不是很好，但是他却不是非这三百块钱不能活。正是出于这种考虑，小吉主动退出竞争，让王宝顺利地当上了车间主任。对于这一切，知道的同事都说小吉傻，因为这件事情并非只有三百多的岗位津贴的区别，要知道，一步提前步步提前，一步落后步步落后。此时王宝还能记得感激小吉，日久天长，王宝还能记得自己是如何当上车间主任的吗？原本的下级变成了上级，对小吉有何好处呢？对此，小吉却不这么想。他说："不管是名还是利，无非都是身外之物。人活着，为的就是心安。只有心安，才能活得坦荡。我做这件事情根本没有想让谁感激我，我只是为了自己心安。我觉得是对的，所以就去做了。"

事例中的小吉，为了帮助王宝，主动退出竞争，把车间主任的职位让给了王宝。对此，他并非想要得到什么，而只是觉得自己应该去那么做。

尽管我们很难找到十全十美的好人，但是，对于别人的需求能够坦然相助并且不计较自己的得失的人，无愧于自己的心。

世界上，欲望很多的人总是有很多要追求的东西，因此，他们既害怕失去，又害怕得不到，做人便多了几分胆怯。只有那些与世无争的人，只有那些无所谓得到也不为失去绝望的人，才能更加坦然地面对人生的风雨和坎坷。

脾气点播

拥有大智慧的人懂得与世无争的道理，才能活得坦然从容。

第11章

爱人不是出气筒——别因相爱而相互伤害

尽管人人都知道爱是世界上最值得珍惜的感情，也是世界上最强大的无所不能的力量，还是有很多人在相爱中互相伤害，对于自己所爱的人给予无情的伤害。正应了那句歌词，“我最深爱的人伤我却是最深”。对于爱，需要的是珍惜，是经营，而不是毫不留情地挥霍与折腾。

相爱不需要猜忌

爱是世界上最伟大的感情，为了爱，原本陌生的男人和女人决定一辈子厮守在一起，无论生死疾病都不离不弃。为了拯救自己的爱人，人们不惜付出自己的生命。对于这样一种崇高的感情，每个人都无比向往，无限憧憬。然而，相爱也并非都是美好的。在伟大的同时，爱也是世界上最自私的感情，尤其是男女之爱。一个男人和一个女人彼此相爱，爱到可以为对方付出生命，然而，这样一份伟大无私的爱却容不得一粒沙子的存在。很多时候，人们说爱情就像眼睛，不能揉进一粒沙子。人们虽然深爱一个人，能够为对方付出一切，却不能容忍对方背叛自己，哪怕有的时候这种背叛只是一种错觉，是一方毫无缘由的猜忌。可以说，相爱的前提首先是信任，如果没有信任，爱将寸步难行。

在恋爱期间，小丫无疑是这个世界上最幸福的女孩。她的男友高大英俊，是一名飞行员，整日里全世界地飞来飞去，总是给小丫从世界各地带来他精心挑选的礼物。因为飞行员的收入很高，所以小丫几乎想要什么都可以实现，从没有为了房子、车子和票子发愁过。看着女伴们羡慕的目光，小丫觉得自己简直飘飘欲仙。

结婚那天，西式的婚礼更是使小丫从一个丑小鸭瞬间变成了白天鹅。哦，幸福简直使小丫想要飞到天空中去。一切都是美好的开始，然而小丫却万万没有想到，她和丈夫最终居然在婚后的短短时间内就闹到了要离婚的地步。原来，小丫的丈夫常年奔波在外，恋爱的时候还好，毕竟见面的次数是有限的。然而，自从结婚之后，丈夫的猜忌心就暴露无遗。出差在外的时候，只要一有时间，丈夫就会给小丫打电话。刚开始，小丫还觉得很甜蜜，觉得丈夫是思念自己才频频打电话的。后来，小丫发现丈夫每次打电话都是先打家中的座机，然后再打小丫的手机。假如小丫不在家，丈夫就会再三询问小丫在哪里，和谁在一起，在干什么。最讨厌的是，有一次小丫正和闺密聚餐，丈夫在打完座机打小丫手机之后，又打了小丫闺密的手机验证小丫所言是否属实。面对丈夫三番五次的怀疑，小丫终于忍不住提出了反对意见。尽管丈夫在一段时间内有所收敛，但是很快就又变成了原样。对此，小丫一次次地忍耐，最终觉得忍无可忍。一次次争吵之后，小丫想到了离婚，她可不想以后一辈子生活在别人的监视之中。

两个人虽然结了婚，成了一家人，但是彼此也还是需要有隐私的空间，需要自己能够自由呼吸的空间。事例中的小丫尽管对婚姻的各个方面都很满意，但是如果丈夫不信任她，一出差就怀疑她红杏出墙，那么这样的一生要怎样度过呢？如果丈夫不改变自己，给小丫一定的私人空间，那么他们离婚也就是必然的。

不管是怎样刻骨铭心的爱情，爱人之间都需要彼此信任。可以说，信任是婚姻的基石，如果没有信任，两个人很难携手走过漫长的人生之路。而猜忌则是婚姻的毒瘤，再美好的爱情，再完满的婚姻，也经不起一次次猜忌的伤害与折磨。

脾气点播

爱一个人，就请信任他！

学会遗忘那些过往的美好

人生的路上，我们需要遗忘，不仅遗忘那些使我们伤心的事情，也遗忘那些过往的美好。只有适时地忘记过去，我们在人生之路上才能够轻装上阵，轻松地欣赏沿途的美景。

记忆是美好的，使我们能够回想起曾经的幸福点滴；记忆也是残酷的，它使我们沉迷于过往，不愿意面对现在和未来。虽然大多数时候很多事情是不能遗忘的，但是有的事情是必须要遗忘的。都说美好的事情是记忆中的珠贝，是需要我们牢记的，那么为什么又要我们学会遗忘那些过往的美好呢？试想，假如你曾经与一个人相遇、相爱，后来又因为一些原因而不得不分开，那么，此时此刻你最需要做的是什么？是沉浸在与他/她的甜蜜之中吗？不是，你首先要学会忘记。回忆无法支撑你走过漫长的人生，你必须开始新的生活，去全身心地投入一段新的感情。假如此时你总是念念不忘前任的好，处处把现任和前任放在一起比较，那么对现任是一种极大的不公平，对你的人生和未来也有害而无利。有些事情我们要牢记，有些事情我们要学会忘记，不能忘记的，就请深埋在心底，永远不再提起。

张超失恋了。他和女友是大学同学，大学毕业后又留在了同一个城市打拼。也许是青春的单纯和青涩渐渐退去，大学毕业一年多后，女友变得越来越现实。她常对张超说：“咱俩都是外地人，在这个城市没有根。”很快，她就和张超分手了。虽然女友因为物质的原因和张超分手，但是张超丝毫不怨女友，毕竟他们一起走过了人生最美好的几年，从校园到社会，有太多太多的幸福甜蜜与酸甜苦辣可供回忆。

后来，身边的很多同事朋友都张罗着给张超找女朋友，但是张超始终没有答应。他忘不了前女友，忘不了他们曾经在一起的欢声笑语。走在这个城市，随时能听见他们曾经的窃窃私语。几年过去了，张超已经迈向了而立之年，但是婚姻的事情却始终没有进展。父母着急了，几次给张超打电话，张超好不容易才答应父母再找女朋友，一切重新开始。很快，张超通过朋友介绍认识了小米。小米是个很好的女孩，她从来没有嫌弃张超没有本地户口、房子、车子。小米总是说：“咱们还年轻，只要努力，一切都会有的。”面对着小米，张超突然很感动。然而，相处了一段时间之后，小米却提出了分手。当初介绍他们认识的朋友不明就里，问小米为什么，小米说：“我可以接受他在物质上很贫穷，和他一起为未来奋斗，但是我不能容忍他每天都想着前女友。你知道吗，每次我们去某个地方玩，他总是告诉我他在什么时候曾经和前女友来过这里，玩得多么开心。我不愿意始终有个人横亘在我与他之间。”听到这里，朋友恍然大悟，张超始终没有忘记过去，没有从过去走出来。朋友狠狠地说了张超一顿，看着决然离去的小米，张超也意识到自己这样沉迷于过去最终毁的将是自己的未来。

假如张超始终无法从与前女友有关的记忆中走出来，没有任何一个女孩会心甘情愿地留在他的身边。爱情是宽容的，爱使女孩义无反顾地与自己深爱的人在一起，而不在乎世俗的偏见，不在乎对方的一切。但爱同时也是自私的，容不得另外一个女人的身影时隐时现地出现在爱情之中。

爱情有的时候很坚固，海枯石烂心不变；爱情有的时候也很脆弱，很自私，容不得一粒沙子。爱，需要全心全意，需要毫无杂念，需要彻彻底底。

脾气点播

爱一个人，就要全身心地投入，爱情是掺不了假的。

把握当下的点滴幸福

在做很多事情的时候，人们总是会犯一个毛病，即这山望着那山高。在婚姻中，很多人也不例外，尤其是女人。守着一个对自己全心全意的丈夫视而不见，却觉得别人的丈夫是多么优秀，别人的家庭是多么幸福。这样的女人，最终会失去到手的幸福。

有人说幸福是一种感觉，可遇而不可求，其实幸福是生活中唾手可得的，在于生活的一点一滴。例如，每天早晨在丈夫的注视中醒来，每天早晨看着开开心心的儿子走进校门，每天晚上做好了饭在等待丈夫的归来，每个周末一家人守在家里打扫卫生，做一桌子好吃的……这些，都是幸福。看似很平淡，归根结底，却是很容易溜走的，只有心中住着幸福的人才能留得住幸福。要想获得幸福，我们首先要调整好自己的心态，只有这样，我们才能拥有平实的幸福，也才能把握当下的点滴幸福。

对于自己目前的生活，许诺总是不满意。其实，有很多人都羡慕许诺呢，只是她自己不知道而已。许诺在一家重点中学当老师，她的丈夫李峰是市医院的医生。他们有一个可爱的女儿，今年6岁了，上小学一年级。每天，许诺都能够准时接上女儿回家，做好饭后，丈夫一般也就下班回来了。一家三口高高兴兴地吃晚饭，玩乐一会儿，按时休息。这样的生活，对于有些人来说是非常美满的，但是许诺却觉得太平淡了一些。她的很多同事的老公都是经商的，看着同事们的名牌时装和名牌包包，许诺也未免有些眼馋。她不知道，那些同事很羡慕许诺每天都能见到老公，因为她们经商的老公总是天南海北地飞来飞去，有时候甚至一个月不见人影。人就是这样，总是活在别人的世界里，而忽略了自己生活的美好。不过，前几天发生的一件事情彻底改变了许诺的心态，使她猛然惊醒，意识到自己真的是太幸福了。

前几天，许诺和李峰带着女儿去游乐园玩。在路上，行驶在他们前面的一辆车突然爆胎，一个人被甩出车外十几米远，当场死亡。许诺他们受到那辆车的影响，也赶紧紧急刹车，撞到了路边的护栏上，险些翻到了山沟下。看着一个鲜活的生活在自己面前消失，再想想一家人差点儿翻到十几米高的山沟中，许诺简直吓呆了。此后的几天，她一直在想，假如家人发生了不测，剩下我一个人，即使有再多的钱过着再奢华的生活又有什么用呢？假如我不再健康，无法亲手为丈夫和女儿做饭，看着他们去上班上学，那我活着还有什么意义呢？那一刻，许诺深切地体会到自己此前每天平平淡淡按部就班的生活是多么幸福。从此，她再也不抱怨了。

有诗云，“不识庐山真面目，只缘身在此山中。”人生也是如此，我们常常觉得别人的生活美好，却忽略了自己的生活其实别人更羡慕。事例中的许诺如果不是突然遭遇车祸，也许会对自己的生活越来越不满，而一场车祸惊醒了她，意识到自己如今所拥有的一切是多么美好。

每个人的生活都难免有烦恼，我们不能因为一叶障目而不见泰山。小的烦恼就像生活的调味剂，丝毫不影响我们享受幸福的人生。只要摆正了心态，幸福就会永远伴随你。

脾气点播

生活无比美好，对幸福的把握全在于你自己。

爱，应如涓涓细流

尽管很多人都喜欢轰轰烈烈的如飞蛾扑火般的爱情，不可否认的是，再绚烂的爱情最终都会归于平淡，爱情应该如涓涓细流般滋润我们的心灵。那样，我们的感情生活才会更加稳定，我们的婚姻生活才会更加牢固，整个社会也会少了些许浮躁，多了一些平淡和踏实。

马莉正值人生中最美好的时光，追她的小伙子几乎排起了长队。其中，马莉对李俊和张宇都很有好感，李俊的条件显然更好一些。他是某外贸公司的经理，年轻有为，人也高大英俊，简直是未婚女孩心目中的钻石王老五。而张宇呢？虽然没有李俊那么英俊，也是一表人才，在一家医院当医生。虽然收入没有李俊高，但也算稳定，属于典型的经济适用男。他们追求马莉的方式也完全不同，李俊几乎是每天都开着奔驰到马莉的单位门口等马莉，当然同时奉上的还有一束束或娇艳欲滴的红玫瑰，或皎洁如月的白百合。有一天，李俊甚至举着一大串氢气球站在门口，看到马莉远远地出来了，他把手一松，氢气球带着一条长长的红幅升上了天空，上面写着“马莉，我爱你！”马莉还没被感动呢，马莉那些女同事一个个都被感动得晕头转向，全都连声地劝马莉赶紧嫁给李俊。

和李俊不同，张宇的追求方式则显得老套了些。马莉胃不好，张宇隔三岔五地就会给马莉煲粥，晾得不凉不热的，送到马莉的单位给马莉当午餐，还佐以自己精心腌制的小咸菜。马莉的很多女伴都说张宇是原始人，连追求的方式都这么老土，而马莉却心里暖暖的。有一次，马莉突然胃疼，张宇大半夜赶到马莉家给马莉送药，还一夜没合眼地守着马莉。张宇的好，不像李俊那样大张旗鼓的，而是暖暖的，渐渐地沁入人心。

最终，马莉力排众议，没有受到所有女伴一边倒地支持李俊的呼声的影响，毅然决然地接受了张宇的追求。她说："爱情不是烈焰，一通大火烧过去，只剩下灰烬。爱情应该是涓涓细流，慢慢地流入你的心底，滋润你的心田。"

对于一个真心爱你的人，他不会在乎你过得是否风光，而只在乎你的内心是否宁静温暖。李俊虽然足够浪漫，让马莉在女伴面前赢得了艳羡的目光，然而马莉知道，爱情来得太快太猛烈，去得也会很突然。而张宇则不同，他的关心是渗透到生活中的，是发自心底的，他的爱是涓涓细流，静水流深，在心底里永不干涸。

脾气点播

女孩子在找男朋友的时候，千万不要因为表面的风光而被迷惑。生活是现实的，再怎么浪漫的爱情最终都要归于平淡的日子。

爱，不应该失去自我

爱情是那么神圣，爱情的力量是那么伟大，爱情使两个原本不相干的男女在爱的烈焰中迷失自我，恨不得能够从此成为泥人，打碎了再重塑，做到真正的你中有我，我中有你。这是爱的理想，不是爱的现实。千百年来，持有这种爱的理想的人很多，真正做到的人却凤毛麟角。真正的爱情，即使爱得再深再浓烈再疯狂，也终究有渐渐淡去的那一天。

在爱情中，相爱的男男女女需要融合，也需要保持着一定的距离，更需要保持自我。记住，当你迷失自我的时候，你也就对爱情的另一方失去了吸引力。谁会对自己保持神秘感和新鲜感呢，爱情之花永远盛开的秘诀就是你始终坚持着自我，始终是一个独立的个体。就像台湾著名诗人舒婷在《致橡树》中所说的那样："我如果爱你——绝不像攀援的凌霄花，借你的高枝炫耀自己；我如果爱你——绝不学痴情的鸟儿，为绿荫重复单调的歌曲；也不只像泉源，常年送来清凉的慰藉；也不只像险峰，增加你的高度，衬托你的威仪。甚至日光。甚至春雨。不，这些都还不够！我必须是你近旁的一株木棉，作为树的形象和你站在一起。根，紧握在地下，叶，相触在云里。”我如果爱你，就要以树的形象和你并肩而立，虽然有着无尽的交流，却始终保持着自我的独立。因为，只有这样的爱情，才能长久、永恒。

玉婷和林枫是大学同学，大学毕业后，他们各自找了一家单位上班，过着温饱富足的生活。后来，林枫看到同学们都下了海，便也动了心思，一心一意地想辞职创业，并且动员玉婷辞职当全职家庭主妇照顾孩子，以便他能够全心全意地在商海拼搏。刚开始的时候，玉婷很犹豫，因为父母辛辛苦苦地供她读完大学，可不是让她在家相夫教子的。后来，眼见着林枫辞职下海后回家的时间越来越少，孩子的教育也成了一个大问题，玉婷不得不辞职当了家庭主妇。尽管她也想过雇保姆照顾家庭，但是却担心对孩子的成长不利。

后来，凭借着一股闯劲，林枫果然做出了一番事业。此时，很多同学都羡慕玉婷不用在外工作，而只要照顾好家庭。渐渐地，原本准备孩子上小学之后重返职场的玉婷也就不再动工作的心思了。每天，她把自己所有的时间和精力都用于照顾林枫和孩子，对于外面的事情越来越不关心。甚至有一次林枫让她闲下来的时候去公司帮忙管管现金，她都推辞了。

直到有一天，玉婷在林枫的手机中发现了林枫和另外一个女孩的亲密合影，据说那个女孩是林枫的助理。那一刻，玉婷觉得天都塌了。回顾自己这几年的生活，才发现自己早已经迷失了自我，已经成了林枫可有可无的附庸品。除了做饭和收拾家务，她不知道自己还能为林枫做些什么。

原本应该是一对在工作上共同进退的伉俪，最终却因为玉婷的迷失，而导致年轻的助理有机可乘。任何一个女人，不管对于自己的丈夫和爱情有着怎样的信心，都千万不要迷失自我。社会在进步，假如你停滞不前，就会大大地落后于人。夫妻之间不仅仅是一种法律的约束，更是一种相互的吸引。即使爱情渐渐淡去，聪明的妻子也会保持对于丈夫的吸引力。

脾气点播

一个独立的女人是最有魅力的女人，虽然经济基础决定上层建筑的理论不完全适用于家庭，但也是有一定道理的。女人，任何时候都不要成为男人的附属品。

爱，要做到当局者清

自从钱锺书的《围城》问世之后，看过的人没看过的人都渐渐地习惯了用围城来形容婚姻。人们常说，婚姻就像一座围城，里面的人想出来，外面的人想进去。虽然我们无法把爱情与婚姻完全画上等号，但是，爱情也和围城有着共通之处，即相爱容易相处难。很多相爱的人，明明爱得死去活来，却在相处的时候无奈地选择了分手，这是因为人们总是容易犯当局者迷、旁观者清的错误。从某种意义上说，恋爱过程中的误会率是很高的，人们似乎一旦恋爱了心眼就变得比针尖还小，智商也瞬间降低了很多。我们就应该在恋爱的过程中尽量保持冷静、客观的态度，从而理智、平静地看待问题。

现代社会，人们的心态越来越浮躁，对于爱情，人们爱得轰轰烈烈，也恨得轰轰烈烈。因为爱情的丢失，很多原本深爱的情侣之间反目成仇，甚至导致了很多恶劣的案件。殊不知，爱情不是捆绑，更不是万无一失的保险箱，爱情也需要经营。生活是现实的，只有爱的支撑，相爱的人根本不足以携手走过漫长而又艰辛的人生之路。因此，相爱的人一定要做到当局者清，只有相爱的时候不糊涂，不爱的时候也能够保持理智，在爱情遇到挫折的时候，才能从容应对。

对于杨阳，小米是控制不住地喜欢。杨阳高大英俊，在工作上表现也很出色，简直是所有女生心目中的白马王子。为了追求杨阳，小米大费周折。虽然她知道杨阳更喜欢爱丽，但是她却从未想要放弃。直到杨阳亲口和小米说自己所爱的人是爱丽，小米依然无法停止喜欢杨阳。

小米是高干子女，眼看着他们这一届同学即将大学毕业，每个人都在为毕业的去处而忙碌，小米的心中有了主意。她知道杨阳家是农村的，父母都是面朝黄土背朝天的农民，根本没有能力帮助杨阳安排工作。为此，她大费周折，动用了当首长的父亲的关系，把杨阳和自己安排进了同一个机关单位。看着天上掉下来的馅饼，其他男生都很羡慕杨阳，然而，杨阳自己却很犹豫。一边是爱情，一边是前途，到底如何选择呢？在这关键时刻，小米信誓旦旦地对杨阳表白："只要你和我在一起，我爸爸一定会好好安排你的未来的。你再也不用回到那个偏僻的小县城了！"听了小米的话，杨阳怦然心动。这么多年，他勤奋苦读，不就是为了这样的生活吗？最终，小米如愿以偿地和杨阳在一起了。然而，等待他们的生活并非那么美好。因为生活背景的差异，因为家境的悬殊，小米的妈妈打心眼里瞧不上杨阳，而且，小米也总是时不时地犯公主脾气。一次又一次的争吵后，他们的婚姻最终走入了死胡同。即使再光明远大的前途，也无法给小米换来幸福的婚姻。

爱，很多时候不是两情相悦，而是单方的。真正的爱，不是占有，而是成全。事例中的小米的确非常欣赏杨阳，却忽视了自己的生活和杨阳的生活之间存在着巨大的差距。很多事情，并非学习好就能够改变的，每个人骨子里的特性都是根深蒂固的。假如小米能够保留心中对杨阳的爱，远远地欣赏杨阳，并且适当地帮助和成全杨阳，他们之间的好感也许能够成为一辈子的友谊。事实恰恰相反，小米非要得到杨阳的爱，最终使自己陷入了婚姻的痛苦之中。

即使深爱，也要保持理智，这样才能作出正确的决定。虽然爱情需要激情，但是激情却不等同于失去理智。

脾气点播

即使相爱，也要当局者清，这样才能获得幸福。

爱，渗透在生活的点滴之中

恋爱中的人说够了那些海誓山盟，也听厌了卿卿我我的甜蜜。然而，每一份爱情几乎都是泡在蜜罐里的，人们认为，唯有甜蜜，才是爱情唯一的味道。殊不知，爱情即使再浓烈，再惊天动地，最终也还是要回归平淡的生活。没有一份爱情能够保持永恒的炽热与疯狂，而最终都要回归到理性与平淡。正如有句歌词唱的，“平平淡淡才是真”，爱情亦是如此。曾经有科学家经过研究发现，真正的爱情如昙花一现，能够维持的时间很短暂，而那些能够历久弥新的爱情，是因为已经在生活中落地开花，变成了亲情。我们的生活，可以没有爱情，却不能没有亲情。我们都是凡人，不可能脱离人间烟火，这也就注定了公主与王子的爱情最终要下落凡尘，沾染上无尽的人间气息。

爱，不是只用嘴说说就可以的，那是虚无缥缈的。爱，要渗透到生活的点滴之中，要滋润我们心灵的每一个毛孔。聪明的女人不会去选择一个花言巧语的男人当丈夫，聪明的男人不会去选择一个“花瓶”当老婆，因为他们知道日子必须踏踏实实地过。要想婚姻过得幸福，最重要的是不去追求那些浮夸的虚无，而要从点点滴滴的生活中付出爱，感受爱，收获爱。

丫丫对自己的生活一点儿都不满意，虽然她的名字有着浓厚的生活气息，让人很难与浪漫挂钩，但是丫丫却是一个不折不扣的罗曼蒂克者。正是基于这一点，丫丫在恋爱期间就挑三拣四，总想找到一个真正的骑着白马的王子，最终把自己耽误成了大龄剩女。父母急得都火上房了，丫丫才意识到自己真的不小了，再不结婚，生孩子都成大龄产妇了。意识到这一点后，丫丫心不甘情不愿地和亲戚给她介绍的张羽步入了婚姻的殿堂。

张羽是个很踏实的小伙子，平时话不多，但是心很细，对丫丫也很好。对于张羽，丫丫的父母非常满意，因为他们做梦也没有想到已经成为大龄剩女的老闺女居然能找到这么好的归宿。张羽是个医生，平时工作比较忙，经常值班，因此没有太多的时间陪伴丫丫。刚结婚的时候，丫丫还劝说自己不要在乎，毕竟张羽是为了工作。但是日久天长，丫丫的心中越来越寡淡。后来，她居然在张羽不在家的日子迷恋上了网聊，并且和一个网友开始了网恋。后来，张羽无意间发现了丫丫的网恋，因此从家里搬了出去。张羽很理智，他对丫丫说："咱们都冷静一段时间吧，看看自己想要的到底是什么。"

家里没有张羽，变得异常冷清。丫丫突然发现，张羽在她的生活中居然扎根那么深。每天早晨，张羽都会为丫丫榨一杯五谷豆浆，如今没了；每到休息的时候，张羽都会为丫丫做她最爱吃的松鼠鱼，如今也没了；值班的日子如果恰逢雷雨天气，张羽就会打电话给丫丫让她别害怕……看着空空荡荡的家，丫丫的心里也空空的。一段时间之后，丫丫意识到，张羽的爱是那么细腻，渗透在她生活的点点滴滴，远远比那些网上的甜言蜜语重要。她决心，一定要好好珍惜这份实实在在的爱。

爱情不能当饭吃，尤其是那种口头上的爱情。真正的爱情不是不沾地气地飘在天上，而是踏踏实实地扎根于生活。幸亏丫丫及早意识到这个道理，所以才能悬崖勒马，珍惜自己所拥有的。

脾气点播

爱，只有扎根于生活的点点滴滴，才能融入我们的生命。

爱，不仅需要红花，也需要绿叶

在生活中，几乎每个人都想成为主角，成为万众瞩目的焦点，只不过，有些人做到了，有些人心甘情愿地退居配角。爱情也是如此，即使是两个人的世界，也有红花，也有绿叶。很多时候，我们成了爱的主角，但是却忽略了作为配角的爱人。直到有一天，我们失去了绿叶的衬托，失去了在绿叶衬托下的那份美丽，才恍然发现，原来，爱不仅需要红花，也需要绿叶。那么，你是想成为红花还是绿叶呢？即使你侥幸成了红花，也千万不要忽视绿叶的衬托，要知道，正是因为有了它，你才如此美丽。

如今，随着社会的不断开放和发展，女人也作为必不可少的社会成员走进了社会，和男人承担起了相同的社会角色，甚至丝毫不逊色于男人。这就带来了一个新的社会问题，对于一个家庭而言，不可能夫妻二人都过分忙于事业，毕竟家庭中有孩子有老人需要我们照顾。那么，谁顾家多一些，谁偏重工作呢？按照传统的观念，应该是男主外女主内。然而，现在，女性的职业意识越来越强，再加上有些行业的特殊要求，很有可能男性还不如女性在职场上更占优势。由此，家庭模式出现了新的变化，由以前的男人工作女人顾家渐渐衍生出很多新模式的家庭，即女人工作男人在家当“奶爸”，或者是女人成为家庭经济的主要支柱，男人在轻松工作的同时照顾家庭。其实，不管是哪种家庭模式，夫妻二人在作出安排的时候的初衷都是好的，即希望家庭的分工更合理，家庭也更加幸福。唯一需要注意的是，在实践的过程中，不管是谁充当红花，都不要忘记绿叶对家的重要贡献。从某种意义上说，负责照顾家庭的那个人虽然不那么风光，实则对于家庭有着特殊重要的意义。

李杜是一名司机，每天就负责帮领导开开车，工作十分清闲。他的爱人梁颖是一家旅行社的经理，每天工作都很忙，当然，收入比起李杜每个月四五千的死工资来也是翻了几番。刚结婚的时候，梁颖并不嫌弃李杜，因为当时她的收入只是略微比李杜高些，而且只是个导游。然而，随着自身不断的发展，梁颖发现自己和李杜之间的差距越来越大了。对此，李杜自己也是有感觉的。因此，李杜主动承担了大部分的家务，每天他都准时接上孩子回家做饭，等着梁颖回家。甚至包括洗衣服、刷碗等所有的家务活，李杜也都统统承包了，成了一个不折不扣的“家庭主夫”。即便如此，梁颖还是不满意。她总是嫌弃李杜没出息，一个月就挣那么点儿钱。

一次，梁颖和李杜之间爆发了激烈的争吵。李杜生气离开了家，开车出去兜风。也许是因为心情不好，精神涣散，李杜不小心发生了车祸，导致腿部骨折，需要在床上休养三个月。别说是三个月了，李杜刚刚躺下一个星期梁颖就受不了了。她这才知道，原来操持一个家是那么地 忙碌、劳累。每天梁颖都提前下班去接女儿放学，然后再回家做饭给女儿吃。吃完饭之后，还要看着女儿写作业，陪伴女儿洗漱、睡觉。几乎要等女儿睡着之后，她才有时间拖拖地，洗洗衣服。一天下来，腰酸背痛的，简直比接连加了几天班还累。至此，梁颖才意识到对于一个大男人而言，承担所有的家庭事务是多么伟大的付出。此后，她再也不抱怨了，因为她意识到：自己这朵红花再怎么风光，也是因为李杜甘为绿叶默默无闻的衬托。

一个没有真正投入家庭的人似乎很难理解操持所有的家务是多么烦琐和劳累的一件事情，所以，在外面风光无限的他们回到家也往往颐指气使，觉得自己是家庭的经济支柱，就有权享受另一个人的付出。就像事例中的梁颖，如果不是李杜的腿骨折了，也许她还会继续抱怨李杜太没出息。真正地管理了家庭一段时间之后，她的抱怨自然而然地就消失了。

脾气点播

家是夫妻两个人的，不是一个人的，不管怎么分工，只要双方觉得合适且对家庭有益，就是合理的。不管谁付出得多一些，都不要有抱怨。毕竟，爱不仅需要红花，更需要绿叶。

爱，是包容

这个世界上没有绝对的完美，如今，这已经是人人皆知的道理。然而，即便如此，还是有人费尽心机地追求完美，希望自己的爱人没有任何缺点，完全符合自己的心意。殊不知，这是对爱的一种伤害，只会使爱渐渐消失，无处容身。

爱需要的是包容，而不是挑剔。一颗挑剔的心，在爱里永远得不到满足和幸福。人们常说相爱容易相处难，最根本的原因就是不懂得包容。试想，舌头还会碰到牙齿呢，更何况是原本陌生的男女呢？每个人的脾气性格、生活背景、教育经历、人生观、世界观都不是完全相同的，甚至大相径庭，在这种情况下，要想在一个屋檐下共同生活大半生，如果没有一颗包容的心，是根本不可能的。很多相爱的情侣打着爱情的旗号结婚了，婚后却发现对方的身上有很多缺点是自己不能容忍的，因此，他们开始试图改变对方，最终导致婚姻生活战火纷飞，硝烟弥漫。假如双方都希望按照自己心中的所愿改变对方，日子又要如何过下去呢？反之，如果相爱的人能够主动改变自己，使自己适应对方，那么结果必然是皆大欢喜的。婚姻需要的是不断磨合，而不是试图改变对方；爱情需要的是包容，而不是打磨对方的棱角。一个人，你之所以爱他，爱的就要是百分之百的他。

男人和女人结婚了。男人是湖南人，吃饭顿顿都离不开辣椒。女人是无锡人，喜欢甜口。每次轮到男人做饭，每一盘菜都是红艳艳的，辣得她眼泪都出来了。每次轮到女人做饭，盘盘菜都放了糖，吃得男人龇牙咧嘴。日子长了，她觉得委屈，就跑回家向妈妈哭诉。妈妈听了，很久没有说话。最后，给女人讲了一碗水的故事。

后来，再做饭的时候，女人做的饭却是无一例外地辣，男人吃得酣畅淋漓。然而，男人发现女人的面前多了一碗清水。每夹起一筷子菜，女人就把菜放在清水里涮一涮，然后再吃。有的时候菜太辣了，女人在吃饭的过程中还会换一次碗里的清水。男人看在眼里，感动在心里。轮到男人做饭了，所有的菜里都放了糖。女人吃着男人做的菜，心里甜甜的。她发现，男人的面前多了一碟辣酱。每夹起一筷子菜，男人就把菜放到辣酱里蘸一蘸，然后再吃。

就在这一碗清水和一碟辣酱里，男人和女人的爱越来越深了。

假如女人没有听从妈妈的劝告为男人着想，主动妥协，男人就不会被感动，更不会主动为自己准备一碟辣酱。那么，这一碗清水与一碟辣酱之间的爱就会变成一顿饭一顿饭的争吵。试想，一日三餐，谁的爱经得起一次次的争吵呢？正是因为采取了包容的态度，所以，夫妻之间的爱才会越来越浓，这是放之四海而皆准的道理。

脾气点播

爱人之间也需要相处，假如针尖对麦芒，家就会变成战场。只有彼此宽容与体谅，主动地改变自己向对方妥协，家才能成为爱的温床。

尊重是爱的基石

无论一个人的出身是卑微还是高贵，无论一个人的家境是贫穷还是富有，在爱里，每个人都应该平等，互相尊重是爱的基石。假如因为一些物质的原因使爱情建立在不平等的基础上，那么，这样的爱情很难与幸福画上等号。

不论什么时候，也不管在什么情况下，爱一个人，我们首先要尊重他，这也是尊重我们自己。俗话说，要想赢得别人的尊重，首先要尊重别人。这不仅是人与人之间交往的定律，也同样适用于相爱的人。假如没有尊重，爱情就会像是搁浅的船只，不知道应该漂向何处。

对于婚姻，正处于热恋之中的小雅有着无限的憧憬。身边的女伴都很羡慕小雅，因为小雅的男友不仅又高又帅，而且是个不折不扣的富二代。家里有着自己的企业，还没有结婚，就已经给儿子准备好了一栋五六百平方米的别墅。女伴们都说小雅是个丑小鸭，遇到男友之后一夜之间变成了白天鹅。

小雅也以为自己的人生将从此与众不同，自己将过上白雪公主般的生活。殊不知，结婚之后，还没有熟悉那栋大别墅，小雅就哭着回了娘家。原来，小雅失去了自由。男友从小娇生惯养，非常任性，虽然追小雅的时候挖空心思地讨好小雅，但是一旦结了婚，就恢复了本来面目。例如，小雅晚上想早点儿睡觉，男友却总是玩电子游戏到凌晨；小雅想吃饺子，男友就非要吃火锅；即使遇到小雅生理期不舒服，男友也总是对小雅颐指气使……有的时候，小雅忍不住说他两句，他马上就不屑一顾地说："没有我，你能住上大别墅吗？没有我，你能过上现在的生活吗？你即使穿上了水晶鞋，也只是灰姑娘，让你伺候伺候我怎么了！"听了男友的话，小雅委屈的泪水在眼睛里直打转。虽然小雅的父母都是工人，但是作为独生女，小雅也是在父母的呵护下长大的，什么时候受过这种窝囊气呢。小雅哭着回了娘家，向妈妈哭诉。妈妈对此很无奈，因为小雅的爸爸妈妈当初是不同意小雅嫁给富二代的，老实本分的他们一心想给小雅找个门当户对的男友。如今，小雅欲哭无泪，婚姻也不知道该走向何方。

不管是普通人之间还是爱人之间，假如没有尊重，就无法平等地相处和交往。尤其是在相爱的人之间，如果没有尊重，爱情的关系就会失去平衡，更谈不上深爱。由此可见，爱情必须以平等和相互尊重为前提。事例中的小雅，正是因为嫁给了富二代，又没有进行深入的了解，所以婚后才会陷入被动的局面。

脾气点播

尊重是人与人之间交往的前提，也是相爱的人相处的基石。如果缺乏尊重，就谈不上平等地相爱。

别让唠叨成为爱的魔咒

对于单身的人来说，往往很难体会婚后的生活感受，这是因为婚后人们的生活发生了巨大的改变。例如，单身的时候你可以想什么时候睡觉就什么时候睡觉，但是婚后你必须考虑到另一方对于睡眠的需求；单身的时候你爱吃什么就吃什么，酸甜苦辣咸任你选择，婚后，你必须照顾到另一方与你天南海北截然不同的口味；单身的时候你可以去迪厅玩通宵，婚后，你也许有了孩子需要照顾……总而言之，单身的时候你的生活无比简单，结婚之后你的生活突然发生了翻天覆地的变化，你需要考虑周到和照顾及时的事情一夜之间冒出来很多很多。

对于男人来说，因为大部分男人是家庭的主要经济支柱，所以对于家务事处理得相对少一些，因此婚后的生活对男人的影响相对较小。而对于女人来说，主要承担着照顾家庭的责任，女性还有属于自己的工作，所以感觉生活一瞬间慌乱了很多，有点儿无暇顾及的感觉。为此，婚后，男人的经济压力大了，女人的琐碎事情多了。也许是因为每天都要和衣食住行以及孩子的各项琐事打交道吧，女人的心也无形中细了很多，嘴巴也碎了很多。几乎所有的女人，在婚后都会变得唠叨，这是无可避免的事情。尽管唠叨有着各种各样的充分理由，但是女性朋友依然要注意，唠叨是爱的魔咒，千万别因为这个魔咒把爱人吓跑。

结婚之前，林倩几乎是单位所有单身男性都心仪的女神。她总是那么高高在上，从来不低头看人。她身材窈窕，气质高雅，不带一丝人间的烟火气息。后来，李刚凭借着猛烈的攻势，最终俘获了林倩的芳心。看着李刚终于抱得美人归，那些男同事一个个都是羡慕嫉妒恨。对此，李刚也扬扬得意。婚后一段时间后，李刚发现林倩其实并不像谈恋爱期间表现得那么脱俗。尤其是有了孩子以后，林倩的脾气越来越暴躁，唠叨也越来越多。她不仅动不动就发火，还总是抱怨李刚挣钱不够多，家里的生活不够富裕。对此，李刚很无奈。他不明白，原本没有烟火气息的林倩为什么会变得这样庸俗。

一次，李刚在和妈妈聊天的时候说到了林倩的种种变化，语气中颇多不满。不想，妈妈并没有护着李刚，而是狠狠地把李刚训斥了一顿。妈妈说："我还不知道你啊，从小被我和你爸爸惯得衣来伸手、饭来张口的。你要知道，林倩是你老婆，不是你的老妈子，不可能处处像妈妈一样照顾你。况且，人家也是从小娇生惯养的，现在又当妈了，也没什么经验，心情焦虑是必然的。作为男人，你除了挣钱养家，也要多多关心老婆孩子，尤其是要安抚好老婆。没有她，哪有你的小家呢！很多男人都觉得挣钱累，其实，女人照顾家庭比男人在外工作累多了。”听了妈妈的话，再想想自己在家庭生活中的表现，李刚突然很内疚。晚上，他推掉了哥们去酒吧的邀请，早早地就回家陪老婆孩子去了。

不管是男人还是女人，在婚姻生活中一定要避免唠叨。每个人的生活都是自己选择的，每个人都有属于自己的路要走。当然，女人一旦过于劳累难免会产生抱怨，这时，男人不应该只是嫌弃女人唠叨，而应该从自己的身上找一找原因。婚姻需要磨合，婚姻生活需要润滑剂，只有双方互相关心，才能有效地减少婚姻中的唠叨，使婚姻更幸福。

脾气点播

要想让爱人不唠叨，让婚姻避开唠叨的泥沼，夫妻之间就应该多多关心对方，体谅对方。

第 12 章

学会情绪掌控法——暗示自己一切都会好

生活中，很多事都会触动我们，使我们的情绪发生变化，或者是别人不经意的一句话，或者是一些细小的行为，可就是这些会深深地影响到我们，使我们心情烦乱或者情绪低落。其实大可不必这样，没有人是完美的，每个人都有缺点，我们不如学点有用的“暗示语”，如“过一会儿再来思考这一件事情”“这没什么大不了的”，然后，平心静气地微笑，你会发现，阴霾顿时一扫而空了。

微笑是最好的回击利器

面对那些令自己生气的人和事，我们该如何对待呢？有的人放不下心中的怒气，心想：既然你让我生气，那么，我是不会轻易放过你的。如此这般，虽然让对方生气了，但把自己也推下了怒火的深渊，无疑是得不偿失。在生活中，有那么一些人，他们唯恐天下不乱，总是想方设法来考验你的好脾气，似乎故意跟你对着干，你生气，他就幸灾乐祸，你越是生气，他就越高兴；反之，如果你对他的恶劣言行表现得很淡然，他心中就会有一种说不出的痛苦。所以，面对这样一些人，我们要以平静的微笑蔑视他，将微笑作为最好的回击利器。

有这样一位清洁阿姨，每天，她不仅干着最劳累的活，而且常常遭受路人的白眼和不屑，但是，无论在什么时候，她所流露出来的只是那张笑脸。有记者采访她，问道："为什么看到那些骂你的、蔑视你的人，你都不会生气呢？"清洁阿姨回答说："有什么值得生气的呢，他们对我无礼，我岂能还之以无礼；他们用最肮脏的话、最冷漠的眼神来蔑视我，我当然以笑容来蔑视他们，因为失去修养的是他们，而不是我。如果我生气了，不正好中了他的下怀吗？所以，面对这些故意气我的人，我坚决不生气。"

简简单单的一段话，却揭示了事情的深刻道理，的确，既然是对方无礼的行为，我们又何须去生气呢？这不是拿别人的错误来惩罚自己吗？那么，最好的回击他人的办法，就是给予对方一个平静的微笑，这不仅仅可以作为回击的利器，而且，亲切的微笑可能会感化对方，消解他人心中的怒气。

有一位商人见到诗人海涅，对他说："我最近去了塔希提岛，你知道在岛上最能引起我注意的是什么？"海涅说："你说吧，是什么？"商人说："在那个岛上呀，既没有犹太人，也没有驴子！"而海涅正是犹太人，但他的笑容很平静，回答说："那好办，要是我们一起去塔希提岛，就可以弥补这个缺陷。"

商人将犹太人与驴子相提并论，本意是想激怒海涅，没想到，海涅却用平静的笑容蔑视了他。面对海涅的笑容，以及其中隐含的蔑视，商人沉默了。一个容易生气的人，很容易被他人的言语激怒，从而说出一些不利于自己的话语。其实，你越是生气，对方则会因为计谋得逞而心花怒放，如此这般，你还要往陷阱中跳吗？所以，不管别人让自己如何生气，我们都要保持平静的笑容，这样，对方才不会有机可乘，从而收敛自己的嚣张气焰。

郑伯是一位有"名气"的人，为什么说他有名气呢？主要是因为他的脸上时常挂着微笑，最为特别的一点是：遇到越是生气的事情，他会笑得越欢快，看起来似乎一点也不生气。大家对郑伯这样的表现很不解，有人疑惑："郑伯，你是不是被骂傻了？"郑伯依然是微微一笑，并不说话。

这天，郑伯带着小孙女一起去倒垃圾，可是，在下楼梯的时候，不小心将垃圾撒了一些出来，很不巧的是，掉在了王妈妈的门前，这位王妈妈可是不好惹的人物，因为她从来不讲理，所擅长的就是讽刺挖苦、骂街哭闹。遇到这样的事情，郑伯先是赔礼道歉："对不起啊，王妈妈，不好意思，我马上给你将垃圾清理了。"但王妈妈马上骂道："死老头子，走路不长眼睛啊，明明知道这就是我家，你说你是不是成心的？"郑伯知道王妈妈的"战役"开始了，马上闭上了嘴巴，脸上挂着微笑，不作声了，只是默默地将垃圾清理了，然后就带着孙女离开了。

走在小区的路上，小孙女很疑惑："爷爷，你为什么总是那么好脾气呢？人家骂你，你都不吱声，是不是害怕啊？妈妈骂爸爸的时候，爸爸也不敢说话，不过，他可不像你，还赔着笑脸。"郑伯笑了，回答说："当然不是了，我是在蔑视这些坏脾气的人，以前我也反击，与他们对骂，可是，我发现这样做的后果是将自己置于怒火之中，于是，我什么都不说，我就微笑着看你骂，你希望我生气，我就偏不生气……后来，就成为习惯了，乖孙女啊，以后要是有人气你，你就用微笑蔑视他，这样，他的气就没处撒了。”

面对无礼者的言语攻击，郑伯没有怒气冲冲，也并没有正面回应，而是始终保持温文尔雅的微笑，单单就这表现就能压倒对方。在生活中，如果遭受了别人的言语攻击，我们需要做的不是生气，而是学会控制自己的情绪。保持平静的微笑，这样反击对方会更有力量，一方面我们可以表现自己的涵养，另一方面，保持平和的情绪，才能冷静、从容地思考出最佳的对策。

在任何时候，平静的微笑都能够给予一定的征服力。当律师的人都知晓这样一个道理，谁能在法庭辩护时保持平静的微笑，谁就能够赢得最后的胜利，因为愤怒的情绪就如同魔鬼，它会带领着我们走向地狱。平静的微笑，可以帮助我们认真地思考，同时，对于自己也是一个防御工具，不管内心的情绪起伏有多大，只要保持平静的微笑，就能给对方强有力的震撼，那看似平和的微笑，实则是对他人的蔑视。所以，如果身边有人气你，你应该学会用平静的微笑来蔑视他。

脾气点播

对那些故意来气自己的人，最有效的办法是回以平静的微笑，用微笑蔑视他，令他感到生气或愤怒，而自己在微笑的作用下会变得平静。

生活的美好其实在自己心中

古人云：“人生不如意之事十之八九。”在日常生活中，我们总是避免不了一些烦心的事情。微笑，是一种愉悦的表情，当然，每个人都有情感的自然表露，但是，对自己微笑，却不是每个人都能做到的。在人生道路上，既有坦途，也有坎坷荆棘，人们在失败时就消沉低迷，忘记了微笑是什么；在生气愤怒时就歇斯底里，忘记了微笑是什么。失败了给自己一个微笑，生气了给自己一个微笑，以平常心来面对生活，你会发现生活其实很美好。

在清水龟之助小时候，他随着母亲到寺院去上香，看到方丈正在清洗新鲜桃子，清水龟之助站定了不想离开。方丈清洗完桃子之后，看见了他就把桃子递给了清水龟之助，但他的妈妈却认为这样做不好，不让清水龟之助伸手接桃子，并对方丈说："师父你还是自己留着吧，这桃子若是给了他，你就少了一个！"方丈听了之后就笑了："虽然我少吃了一个桃子，但却多了一份吃桃的快乐。"说完，方丈便把新鲜的桃子塞到了孩子的手中，飘然离去。

从这以后，清水龟之助就懂得了快乐是可以互相传递的。长大后的他因为生活所迫而成了邮差，刚开始的时候，他感到很苦闷，但他并不想把自己的苦恼传染给他人，所以，自始至终他在工作时都保持着微笑，不仅如此，为了获得一份愉快的心情，每天早上，他都会对着镜子给自己一个微笑。当他看到许多人在接到了信件之后露出了开心的笑容，那份快乐又传递给了自己，他觉得邮差这份工作还是挺有意思的。

每天一大早，清水龟之助就用自行车驮着报刊和邮件穿梭于城市的大街小巷，那些凡是接受过清水龟之助服务的居民都特别喜欢他，因为他每天都面带笑容。当居民们从他手中拿到了信件和报刊的时候，也获得了一份他所传递过来的快乐。他的事迹使他获得了国家级的奖项——终身成就奖，在这之前那些获得这个奖项的人都是社会的精英，有的人对一个邮差获得如此殊荣感到不解。但是，在得知清水龟之助的事迹之后，他们改变了自己的想法，纷纷为清水龟之助鼓掌。

在很多人看来，邮差是一份辛苦的工作，而且收入很微薄，于是，很少有人将其作为自己一生的职业。然而，清水龟之助怀着开朗乐观的心态，对自己微笑，一干就是整整25年，成为了日本少数的老邮差之一。成功的时候，需要给自己一个微笑，但我们不可流连太久；失败的时候，更需要给自己一个微笑，用轻松的心态去面对挫折；生气的时候，需要给自己一个微笑，让乐观的心态去战胜内心的不良情绪。对自己微笑，是一种积极的心理暗示，暗示自己没有必要生气。

伟大的发明家爱迪生的工厂曾经失火，造成了近百万美元的设备瞬间化为乌有，67岁的爱迪生听到消息赶到了火灾现场。旁边的员工们认为他看着这一片废墟，一定十分生气，谁知爱迪生表现得十分镇静，甚至还笑着说："这场大火烧得好，我们所有的错误都烧光了，现在可以重新开始了。"生活就如同一面镜子，你对它哭它就哭，你对它笑它就笑。对自己微笑，我们将收获一份乐观的心态，而这样的心态将帮助我们战胜一切不良的情绪。

梁实秋说："一个人发怒的时候，最难看。"确实，一个发怒的人，脸红脖子粗，龇牙咧嘴，难免会有损自身形象。俗话说："人们一发怒，上帝就发笑；上帝一发笑，人就很难平心静气地去思考。"相比微笑，发怒的表情实在很难看，所以，就算为了自身形象着想，我们也要学会对自己微笑，而不是将发怒的表情定格在自己脸上。每一个人要学会微笑，更好地享受生活，只有对自己微笑，快乐才会将生活围绕。

脾气点播

虽然，我们无法改变事情的好坏，但我们却可以改变心情，不管自己遇到了什么，都要学会对自己微笑。

用积极的心理暗示挣脱坏心情的枷锁

自我暗示，也就是自己主动自觉地通过言语、手势等间接含蓄的方式向自己发出一定的信息，使自己按照自己示意的方向去做。事实上，心理学家认为，自我暗示有消除恐慌和消极心态的功能。美国心理学家威廉斯说："无论什么见解、计划、目的，只要以强烈的信念和期待进行多次反复的思考，那它必然会置于潜意识中，成为积极行动的源泉。”有的人以前只不过是一个小人物，但是，他后来竟然获得了成功，如果一定要追寻其中的原因，那是在于每次遇到糟糕的事情，他们总是保持积极的情绪，安慰自己：一切都会好的，事实或许比这个更糟糕。其实，这就是一种自我暗示，在苏联电影里，警卫员瓦西里坚定地告诉妻子：“面包会有的，牛奶会有的，一切都会有的。”这其实也是一种心理暗示，积极的心理暗示可以让我们摆脱坏心情的枷锁，重新找回久违的快乐。

在生活中，我们每个人都有遭遇坏心情的时候，可是，我们应该清楚这一点：如果我们没有办法改变事情，那就改变心情吧。时刻给予自己这样的忠告：一切都会好的，不管多么生气、愤怒，依然没有办法改变事情，那么，不如选择一份好心情吧。当然，在很多时候，“一切都会好的”，无疑是自我安慰，甚至有的人说这是“自欺欺人”。哪怕是自欺欺人，但我们能获得平和的情绪，那又何乐而不为呢？坏心情，将会影响我们大脑的正常思考，麻痹我们的神经，使我们变得越来越堕落。如果任由这样的状态下去，不仅做不好任何事情，反而会把自己推向深渊。但是，一份平和的情绪，有助于我们寻找到解决问题的办法，那么，即使是安慰自己、欺骗自己，但我们能有希望解决问题，这才是行之有效的办法。那么，在生气或愤怒的时候，试着对自己说：一切都会好起来的，在这样乐观的心态下，或许，一切事情真的会好起来了。

一位哲人见生活贫困的朋友整天愁眉苦脸，一脸苦相，他就希望自己能够找出一个方法让朋友重新快乐起来。但是，无论哲人怎么说，那位贫困的朋友就是快乐不起来，反而认为哲人是在奚落自己。为了让朋友接受自己的建议，哲人想出了一个好办法，他对那位朋友说：“你愿不愿意离开你的妻子？愿不愿意丢弃你的孩子？愿不愿意拆掉你的破房？”那位贫困的朋友坚定地摇摇头，哲人接着说道：“对啊！你应该庆幸自己有一位默契的伴侣，庆幸自己有一个可爱的孩子，庆幸自己有一间温暖的旧屋，你应该为此感到高兴啊！”听了哲人的话，那位朋友的愁苦脱离了眉梢，忧郁离开了额头，重新快乐起来。

试想，如果没有哲人的帮助，也许那位贫困的朋友依然愁眉苦脸。他始终不能摆脱坏心情的枷锁，是因为他不懂得自我暗示，如果他告诉自己“你要快乐起来”“快乐才是你所需要的”“贫困只是暂时的，一切都会好起来的”，那么，在这样的不断暗示下，他会发现即使是拮据的生活依然可以令自己由衷地快乐。其实，一个人的快乐与不快乐，通常不是由客观条件的优劣来决定的，而是由自己的心态以及情绪来决定的。

1998年7月21日晚，在纽约友好运动会上意外受伤后，默默无闻的17岁的中国体操队队员桑兰成了全世界最受关注的人。那确实是一个意外，当时，桑兰正在进行跳马比赛的赛前热身，从她起跳的那一瞬间，由于外队教练的一个“探头”动作干扰了她，导致她动作变形，从高空栽到地上，而且是头着地。个性温顺的桑兰在遭受到如此重大的变故后却表现得相当乐观：“我相信一切都会好起来的。”她的主治医生说：“桑兰表现得十分勇敢，她从来不抱怨什么，对她我能找到表达的词语是‘勇气’和‘乐观’。”

或许，正是那份积极的心理暗示铸就了她坚强、乐观的性格，美国称她是“伟大的中国人民的光辉形象”，在美国住院的日子里，许多美国民众都会去看她，并不只是因为她受伤了，而是为她的精神所感染。是的，一切都会好起来的，在这样的信念下，桑兰逐渐好了起来，直到今天，她依然没有离开世界人民的视线。

有时候，我们会突然感觉自己的心情很差，该怎么办呢？其实，这时候，我们可以利用积极的心理暗示。一个人在心情很差的时候，总是想把自己封闭起来，什么人都不想见，什么事情都不想做，直到心情变好为止。可是，在任何时候，我们需要明白这样一个道理：即使心情再差，还是要生活、学习、工作。所以，给予自己积极的心理暗示，告诉自己：其实我很快乐。为了证实自己真的快乐，你可以装出一副很开心的样子，保持友好的笑容，心情看起来很愉快。这样，你会发现，过不了多久，自己就真的摆脱了坏情绪的困扰。其实，这就是积极心理暗示的作用。

脾气点播

在生活中，无论遇到多么糟糕的事情，不要沮丧，不要生气，暗示自己：一切都会好起来的。那么，我们就可以从那些困难、不幸中重新挖掘出新的快乐来。

生活的常态是平淡

有句歌词这样唱道："曾经在幽幽暗暗反反复复中追问，才知道平平淡淡从从容容才是真。"如果说生活是一张色彩鲜艳的图画，你会发现图纸上给我们呈现最多的是白色，是的，对于我们每一个人来说，生活的常态就是平淡，不大悲大喜，保持淡定的从容，我们才能深刻地体会到生活的真切。许多人在生活中，既不够平淡，又不够从容，身边的同事晋升了，心中就升起了怒火；若是自己加薪了、升职了，则欣喜若狂，相反，如果失去了发财的机会，他们就会捶胸顿足。事实上，淡定从容才是一种生活态度，更是一种心灵的至高境界。成功与失败只是生活中的一种际遇，对于我们来说，没有必要为了失败或成功而破坏心中那份幽静的心境，保持淡定从容的心态，毕竟，繁华落尽不过是一片苍凉，灯红酒绿之后不过是漆黑的夜晚。

怀淡定从容心态的人，即便对面对生命中的坎坷与不幸，他们也能以平和、不急不躁、不卑不怒的心态来面对，控制内心躁动不安的情绪，做情绪的主人。人的一生，总会面对得与失、升与沉、荣与辱、富贵与贫穷等这样一些迥然不同的遭遇。随着时间的流逝，我们应该明白这样一个道理：生活的平淡是常态，淡定从容则是不变的心态。虽然，我们只是一个普通人，在这样一些遭遇下，心境有可能会起伏不定，但是，如果我们能够保持一颗平常心，抑制内心情绪的波动，那么，那些遭遇不过是过眼云烟。

大学毕业后，他放弃了父母托关系为他找的铁饭碗，独自带着单薄的行李南下，来到了沿海地区。刚开始的时候，因为自己要求太高，他处处碰壁，找不到工作，生活费也所剩无几了。后来，他放低了自己的要求，委身在一家IT企业做一个普通的文员，一个月拿着微薄的薪水，勉强能够养活自己。朋友打电话会为他惋惜："你这么优秀的人才，甘愿做一个文员，这简直是大材小用。"他笑了，没有任何回答。

每天做很简单、枯燥的工作，他都能从中找到自己的快乐，而且他好学，遇到什么不懂的问题都会向同事请教。时间长了，老板欣赏他的踏实与认真，晋升他为秘书。之后，不断地升职，他在企业里已经小有名气，这时候，他毅然放弃了高薪职位，拿着多年的积蓄，开了一家小公司。同事都觉得他很愚笨，只有老板对着他远去的背影，竖起了大拇指。小公司在他的努力经营下，一天天成长，他成了远近闻名的大老板。每次回家探亲，亲戚都忍不住大加称赞，他只不过笑着说："我只是做小本生意，没有你们想象的那么优秀。"

在那年的金融海啸中，他的公司不幸也遭遇了很大的冲击。得知消息的时候，他还在家里，父母担心地看着他。他很安静，不生气、不沮丧，反而安慰父母："没事，当年我也是一无所有，现在不过是时间的问题而已。"他赶到了公司，把剩下的资金散发给员工，解散了公司。幸好因为经营有方，即便出现了这样的灾难，公司也不用举借外债。他带着行囊回到了父母身边，和父母一起开了家小饭馆，偶尔打打小牌，种点花草，养养小动物，日子很惬意，一点都看不出他曾经风光的痕迹。

无论人生如何变化，他始终坚守着淡定从容的心态。因为他明白，生活的平淡才是常态，自己应该满足于这样一种状态，而不是去奢求更多的东西。佛曰："一花一世界，一草一天堂，一叶一如来，一砂一极乐，一方一净土，一笑一尘缘，一念一清静。"这一切都是源于心境，不去计较生活的平淡，不为失败而生气、沮丧，一花一草便可以是整个世界，那份洒脱，那份豁达，那份心境是常人所不能具有的。人生道路上有鲜花、有掌声，有多少人能等闲视之；人生路上也有坎坷泥泞、有满地荆棘，又有多少人能以平常心视之。我们要学会坦然面对人生中的失意与得意，平复心绪，既来之、则安之，正所谓“荣辱不惊，闲看庭前花开花落；去留无意，漫随天外云卷云舒。”

小晨从小就喜欢唱歌，大学毕业后，父亲却语重心长地告诉他：“想唱歌？你到底懂多少呢？先找口饭吃，找个地方住。”小晨只身去了广州，在老乡刚开业的快餐店打工，不要工钱，只提供吃住。在餐厅里，切肉、送餐、收账，小晨什么活都干，需要做什么就做什么，而且总是面带笑容，即使遭遇苛刻的顾客，小晨依然笑容满面。

后来，无意之间看见琴行吉他班招生，小晨怀着不安的心情去了，没想到，老板相中了小晨的琴技，当即把他留了下来。从此，小晨一边在吉他班上课，一边开始商业演出，那段日子，小晨十分辛苦，但所得到的报酬却是微薄的。不过，小晨笑着对朋友说：“至少我现在能有钱养活自己，不像以前，什么都没有。”

渐渐地，小晨在当地的名声传开了，经过朋友介绍，他开始在酒吧驻唱，不过，这并不是一件快乐的事情。小晨这样回忆说：“在酒吧就是这样，我们都曾碰到形形色色的人，喝酒闹事的、砸酒瓶子的，逼你喝酒的，但这就是酒吧，我们能怎么办？我们不过是打工的，遇到这样的事情，哪怕再委屈，也只有能忍则忍。”辛苦的日子终于过去了，音乐制片人发掘了小晨这颗音乐种子，开始无偿为他策划专辑、宣传，如今，他已经是炙手可热的歌手。

回想起以往的经历，小晨只是感叹：“变化的是环境，不变的却是淡定从容的心态。”的确，无论世事如何变化，我们所能秉持的是那份不变的心，不管失败，抑或是成功，不同的遭遇，以相同的心态来面对，你会发现，自己在不知不觉中已经掌控了情绪。

古语讲：“乐天知命，故不忧。”当你怀着乐观、积极的心态，秉承着“知己为天所命，非虚生也”的信念，用豁达的心胸来面对人生中的成功与失败，你就会发现人生没有什么过不去的坎，也没有什么放不下的。在人生的旅途中，做好自己，即使失去了也不要过于沮丧、抱怨，即便是获得了也不要太过兴奋。人生路上，不要有太多的患得患失，也不要太计较自己的得与失，以一份淡定从容的心态来迎接人生中的每一次挑战，这看似是生命的无奈，实则是生命最绚丽的精彩。

脾气点播

怀着一颗淡定从容的心来面对生活的失意与得意，你会发现，生活的平淡是常态，而淡定从容则是不变的心态。

参考文献

[1] 凹凸. 脾气没了，好运有了：不生气的智慧[M]. 北京：中国纺织出版社，2013.

[2] 高英. 脾气没了福气来了[M]. 北京：中国长安出版社，2012.

[3] 若谷. 脾气没了，福气来了大全集[M]. 北京：中国华侨出版社，2013.